전기기사·산업기사 실기특강

통합기출문제풀이

전기검정연구회 저

명인북스
Myungin Books

머리말

본서는 오랜 기간 산업현장에서의 실무경험과 학원에서의 강의 경험을 통해 터득한 교육 노하우를 접목하여 전기기사.산업기사 자격증을 준비하는 수험생들에게 단기간에 가장 효율적인 학습이 되도록 구성 하였다.

또한 수험생들이 최단 시간에 자격증을 취득할 수 있도록 이론을 핵심 요약하여 시간을 절약할 수 있도록 하였다.

최신 기출문제를 복원하여 본 도서로 공부하고 합격할 수 있도록 해설에 최선을 다하였다.

본 교재의 특징

- 핵심 이론을 요약하여 시간을 절약할 수 있도록 하였다.
- 수험자가 단기간에 완성할 수 있도록 한국산업인력공단의 출제 기준안에 맞도록 체계적으로 정리하였다.
- 계산 문제는 공식과 풀이 과정을 상세하게 정리하였다.
- 수험생 스스로 문제를 해결할 수 있도록 상세하게 해설을 수록하였다.

본 교재를 충분히 활용하여 전기기사.산업기사 자격시험에 합격 되시기를 기원하며 차후 변경되는 출제 경향 및 과년도 문제 등을 추가로 수록하여 계속 보완하도록 하겠다.

저자 씀

출 제 기 준 (실 기)

직무분야	전기.전자	중직무분야	전기	자격종목	전기기사	적용기간	2024.01.01 ~2026.12.31

○직무내용: 전기설비에 관한 이론을 기반으로 전기기계·기구의 선정, 전기설비의 계획, 에너지 절약기술 적용, 용량 산정, 재료선정 등 설계도서 작성, 감리, 유지관리 및 운용 등 시설관리 등의 업무를 수행하는 직무이다.
○수행준거: 1. 전기설비에 관한 기초지식을 기반으로 전기설비의 계획 및 설계도서를 파악할 수 있다.
  2. 전력공급 안정성을 위하여 설비회로 구성과 제어에 필요한 사항을 파악할 수 있다.
  3. 설비의 안전한 운용을 위한 방안을 수립하고 구성기기의 특성을 파악할 수 있다.
  4. 전기설비의 안전관리를 위한 각종 계측 및 시험방법을 파악할 수 있다.

검정방법	필답형	시험시간	2시간 30분

실기과목명	주요항목	세부항목	세세항목
전기설비설계 및 관리	1. 전기계획	1. 현장조사 및 분석하기	1. 건축물의 용도, 부하의 위치, 규모에 따라 이에 적합한 전기설비를 계획할 수 있다.
			2. 현장의 위치를 파악하여 전력의 인입계획을 수립할 수 있다.
			3. 현장의 대지특성을 분석하여 접지설비를 계획할 수 있다.
			4. 현장의 낙뢰빈도를 조사하여 피뢰설비를 계획할 수 있다.
		2. 부하용량 산정하기	1. 건축물의 용도, 규모에 따라 이에 적합한 부하설비용량을 추정할 수 있다.
			2. 수용률, 부등률, 부하율을 추정하여 최대수용전력을 산출할 수 있다.
			3. 건물의 종류별 표준부하와 부분표준부하를 산출할 수 있다.
			4. 부하의 종류별, 규모별로 수용률을 추정할 수 있다.
		3. 전기실 크기 산정하기	1. 추정된 부하설비용량에 의하여 변전실 면적을 산출할 수 있다.

실기과목명	주요항목	세부항목	세세항목
전기설비설계 및 관리	1. 전기계획	3. 전기실 크기 산정하기	2. 발전설비용량에 의한 발전실 면적을 산출할 수 있다.
			3. 부하설비용량에 의한 각 층별, 구획별로 EPS실 면적을 산출할 수 있다.
			4. 중요부하설비의 UPS실과 축전지실 등의 면적을 산출할 수 있다.
		4. 비상전원 및 무정전 전원 산정하기	1. 건축물의 규모, 용도에 따라 비상전원과 무정전전원을 계획할 수 있다.
			2. 추정된 부하설비용량에 의하여 비상부하용량을 산정할 수 있다.
			3. 비상부하용량을 분석하여 무정전전원 용량을 산정할 수 있다.
			4. 비상전원과 무정전전원을 분석하여 축전지용량을 산정할 수 있다.
		5. 에너지이용기술 계획하기	1. 고효율 전기설비를 적용 검토할 수 있다.
			2. 전기 에너지 이용 효율 향상 기술을 적용 검토 할 수 있다.
			3. 전기에너지 부하 평준화 기술을 적용 검토할 수 있다.
			4. 대체 에너지 적용설비의 적정 여부를 검토할 수 있다.
			5. 전기 에너지 절감 효과를 반영한 에너지 수요량 분석의 적정성을 검토할 수 있다.
	2. 전기설계	1. 부하설비 설계하기	1. 부하설비의 공학적 구조, 원리, 구성장치, 운전 특성을 설명할 수 있다.
			2. 조명, 전열, 전동력 설비 등의 계산을 할 수 있다.
		2. 수변전 설비 설계하기	1. 변압기의 구조, 동작원리, 종류, 특성을 설명할 수 있다.
			2. 수전실의 위치, 면적, 관련 규정 및 법규를 적용할 수

실기과목명	주요항목	세부항목	세세항목
전기설비설계 및 관리	2. 전기설계	2. 수변전 설비 설계하기	있다.
		3. 실용도별 설비 기준 적용하기	1. 건축물의 종류에 따른 조명설비, 각종 배선방법을 적용할 수 있다.
			2. 각종 전기 기계기구를 실용도에 맞게 적용할 수 있다.
		4. 설계도서 작성하기	1. 전기 설비의 분류체계를 설명할 수 있다.
			2. 도면, 시방서, 공사비 내역서를 작성할 수 있다.
		5. 원가계산하기	1. 설계에 따른 자재비, 노무비, 경비를 산출할 수 있다.
			2. 계약의 종류 및 방법, 구성요소를 이해하고, 국가계약법 등 각종규제 사항을 활용할 수 있다.
		6. 에너지 절약 설계하기	1 수변전설비의 에너지 효율 향상기술을 적용할 수 있다.
			2. 동력설비의 에너지 효율 향상 기술을 적용할 수 있다.
			3. 조명설비의 에너지 효율 향상 기술을 적용할 수 있다.
			4. 제어설비의 에너지 효율 향상기술을 적용할 수 있다.
			5. 전력원단위를 고려하여 에너지 절약 설계기준을 적용할 수 있다.
	3. 자동제어 운용	1. 시퀀스제어 설계하기	1. 스위치의 동작원리를 이해하고 접점의 특성에 따라 시퀀스제어 회로에 적용할 수 있다.
			2. 유접점제어와 무접점제어의 특성을 이해하고 시퀀스제어에 적용 할 수 있다.
			3. 릴레이와 타이머 등 제어기기의 동작원리를 알고 시퀀스 제어 회로에 적용할 수 있다.
			4. 제어시스템을 구성하고, 시스템을 제어하기 위한 시퀀스 제어회로를 구성할 수

실기과목명	주요항목	세부항목	세세항목
전기설비설계 및 관리	3. 자동제어 운용	1. 시퀀스제어 설계하기	있다.
		2. 논리회로 작성하기	1. 논리기호를 파악하고 활용할 수 있다.
			2. 제어 목적에 맞게 논리회로를 구성할 수 있다.
			3. 논리회로로 구성된 제어시스템을 해석할 수 있다.
			4. 복잡한 논리식을 간략화 시킬 수 있다.
		3. PLC프로그램 작성하기	1. 릴레이 제어방식과 PLC제어 방식의 차이점에 대하여 파악할 수 있다.
			2. PLC 종류와 시스템 구성에 대하여 파악할 수 있다.
			3. PLC 종류에 따른 명령어를 이해하고, 동작특성에 따라 활용할 수 있다.
			4. PLC를 이용하여 각종 제어회로를 작성할 수 있다.
		4. 제어시스템 설계 운용하기	1. 센서의 종류와 특성을 설명할 수 있다.
			2. 제이 대상에 적합한 센서를 적용할 수 있다.
			3. 센서와 구동기의 조합 특성을 파악할 수 있다.
			4. 제어 범위를 선정하고 제어시스템을 설계할 수 있다.
			5. 입출력 장치에 의하여 제어기기 및 시스템 활용을 할 수 있다.
	4. 전기설비 운용	1. 수·변전설비 운용하기	1. 전기 단선도를 이해하고, 기기 정격의 정확여부를 판단할 수 있다.
			2. 해당 기계, 기구의 매뉴얼에 따라 설치된 기기의 정상 작동 유무를 판단할 수 있다.
			3. 보호계전기의 정정을 할 수 있고, 정상 작동 유무를 판단할 수 있다.
			4. 수변전설비의 도면(단선도, 장비 배치도 등)을 이해

실기과목명	주요항목	세부항목	세세항목
전기설비설계 및 관리	4. 전기설비 운용	1. 수·변전설비 운용하기	하고, 설계 도서를 검토하여 중요한 항목이 무엇인지를 도출할 수 있다.
		2. 예비전원설비 운용하기	1. 비상용 발전기의 특성을 이해하고, 정상 작동 유무를 판단할 수 있다.
			2. 무정전전원장치의 특성을 이해하고, 정상 작동 유무를 판단할 수 있다.
			3. 축전지설비의 특성을 이해하고, 정상 작동 유무를 판단할 수 있다.
			4. 전원설비의 도면(단선도, 기기배치도 등)을 이해하고, 설계 도서를 검토하여 중요한 항목을 도출할 수 있다.
		3. 전동력설비 운용하기	1. 전동기의 종류와 특성별 기동특성을 이해하고, 작동매뉴얼을 활용하여 절차에 따라 점검, 관리할 수 있다.
			2. 인버터 등의 전동기제어장치의 특성을 이해하고, 정상 작동 유무를 판단할 수 있다.
			3. 펌프와 팬의 특성 및 정격 산정 방법을 이해하고, 작동매뉴얼을 활용하여 절차에 따라 점검, 관리할 수 있다.
			4. 동력설비의 도면(동력결선도 등)을 이해하고, 설계도서를 검토하여 중요한 항목을 도출할 수 있다.
		4. 부하설비 운용하기	1. 조명기기의 특성 및 설계도서를 이해하고, 작동매뉴얼을 활용하여 절차에 따라 점검, 관리할 수 있다.
			2. 전열설비의 특성을 이해하고, 작동매뉴얼을 활용하여 절차에 따라 점검, 관리할 수 있다.
			3. 승강기설비의 특성을 이해하고, 작동매뉴얼을 활용

실기과목명	주요항목	세부항목	세세항목
전기설비설계 및 관리	4. 전기설비 운용	4. 부하설비 운용하기	하여 절차에 따라 점검, 관리할 수 있다.
			4. 전기로, 대형컴퓨터 등 특수전기설비의 특성을 이해하고, 작동매뉴얼을 활용하여 절차에 따라 점검, 관리할 수 있다.
	5. 전기설비 유지관리	1. 계측기 사용법 파악하기	1. 각종 계측기의 동작원리를 이해하고 용도에 따른 적정계측기 선정을 할 수 있다.
			2. 각종 계측기의 사용법을 파악할 수 있다.
			3. 각종 계측 데이터를 수집하고, 이를 분석 및 활용할 수 있다.
			4. 각종 계측기에 대한 검·교정 주기를 파악할 수 있다.
		2. 수·변전기기 시험, 검사하기	1. 수·변전 설비의 계통을 파악할 수 있다.
			2. 각종 수·변전기기들의 원리 및 사용용도 등을 파악할 수 있다.
			3. 각종 수·변전기기 등에 대한 시험 성적서를 파악할 수 있다.
			4. 각종 수·변전기기 등에 대한 외관 검사 및 정밀검사 결과를 검토할 수 있다.
		3. 조도, 휘도 측정하기	1. 실 용도별 조도 및 휘도기준을 확인할 수 있다.
			2. 휘도와 조도와의 관계를 파악하여 사용할 수 있다.
			3. 조도측정방식을 설명할 수 있다.
			4. 조명기구의 특성을 설명할 수 있다.
			5. 휘도와 조도가 시 환경에 미치는 영향을 이해할 수 있다.
		4. 유지관리 및 계획수립하기	1. 수·변전설비의 주요 기기(변압기, CT, PT, MOF, CB, LA 등)의 외관검사를 실시할

실기과목명	주요항목	세부항목	세세항목
전기설비설계 및 관리	5. 전기설비 유지관리	4. 유지관리 및 계획수립하기	수 있다.
			2. 전력케이블의 상태를 점검할 수 있다.
			3. 배전반, 분전반의 외관검사를 실시할 수 있다.
			4. 예비 전원설비의 외관검사를 실시할 수 있다.
	6. 감리업무 수행계획	1. 인허가업무 검토하기	1. 착공 전 공사수행과 연관된 분야의 인허가 사항과 관련 법령, 조례, 규정 등을 분석할 수 있다.
			2.「전력기술관리법」에 따른 감리원배치신고서를 제출할 수 있다.
			3.「전기사업법」에 적합한 자가용전기설비 공사계획신고서를 검토할 수 있다.
			4. 전기사업자의 전기공급방안과 공사용 임시전력을 사용하기 위하여 전기수용신청을 할 수 있다.
			5. 소방전기설비를 시공하기 위하여 소방시설시공(변경)신고서를 검토할 수 있다.
			6. 전기통신설비를 시공하기 위하여 기간통신사업자와 수급지점을 협의하고 검토할 수 있다.
			7. 항공장애등설비를 시공하기 위하여 항공법에 따라 항공장애등 설치 신고서를 검토할 수 있다.
	7. 감리 여건제반조사	1. 설계도서 검토하기	1. 관련 법령에 따라 설계도서의 누락, 오류, 불분명한 부분, 문제점 등을 검토하여 설계도서 검토서를 작성할 수 있다.
			2. 설계도서간의 상이로 인한 오류를 방지하기 위하여 설계도서간 불일치 사항을 검토하고 설계도서 검토서

실기과목명	주요항목	세부항목	세세항목
전기설비설계 및 관리	7. 감리 여건제반조사	1. 설계도서 검토하기	를 작성할 수 있다.
			3. 시방서, 부하, 장비용량 계산서 등 각종 계산서를 검토하고 설계도서 검토서를 작성할 수 있다.
			4. 효율적인 시공을 위하여 건축, 설비 등 타 공정간의 상호 간섭사항을 파악할 수 있다.
			5. 경제적인 시공을 위하여 신기술, 신공법에 의한 공법 개선과 가치공학(Value Engineering)기법을 활용한 원가절감을 검토할 수 있다.
	8. 감리행정업무	1. 착공신고서 검토하기	1. 공사업자가 제출한 착공신고서가 공사기간, 공사비 지급조건 등 공사계약문서에서 정한 사항과 적합한지 여부를 검토할 수 있다.
			2. 관련 법령에 따라 시공관리책임자, 안전관리자 등 현장기술자가 해당 현장에 적합하게 배치되었는지 여부를 검토할 수 있다.
			3. 예정공정표가 작업 간 선행, 동시, 완료 등 공사 전·후 간의 연관성이 명시되어 작성되고, 예정 공정률이 적정하게 작성되었는지 검토할 수 있다.
			4. 품질관리계획이 공사 예정공정표에 따라 공사용 자재의 투입시기와 시험방법, 빈도 등이 적정하게 반영되었는지 검토할 수 있다.
			5. 안전관리계획이 산업안전보건법령에 따라 해당 규정이 적절하게 반영되어있는지 여부를 검토할 수 있다.
			6. 공사의 규모, 성격, 특성에 맞는 장비형식이나 수량의

실기과목명	주요항목	세부항목	세세항목
전기설비설계 및 관리	8. 감리행정업무	1. 착공신고서 검토하기	적정여부에 따라 작업인원과 장비 투입 계획이 수립되었는지 여부를 검토할 수 있다.
	9. 전기설비감리 안전관리	1. 안전관리계획서 검토하기	1. 현장의 안전관리를 위하여 「산업안전보건법」과 관련 법령을 이해하고 안전관리계획서의 적정성을 검토할 수 있다.
			2. 감리원은 전기공사의 공정에 따른 작업의 위험요인을 확인하고 이에 대한 재해예방대책이 안전관리계획에 반영 될 수 있도록 지도 감독할 수 있다.
			3. 공사업자가 재해예방을 위한 관련 법령을 이해하고, 전기공사의 안전관리계획의 사전검토, 실시확인, 평가, 자료의 기록유지를 할 수 있도록 지도 감독할 수 있다.
			4. 관련 기준에 따라 안전관리 예산의 편성과 집행계획에 대한 적정성 검토를 할 수 있다.
		2. 안전관리 지도하기	1. 사고예방을 위하여 안전관련 법령에서 명시하는 사항을 이행하도록 안전관리자와 공사업자를 지도감독할 수 있다.
			2. 공정진행상황에 따라 안전점검과 관찰 결과와 안전관련 자료에 의하여 공사업자에게 안전을 유지하도록 지시하고 이행상태를 점검할 수 있다.
			3. 현장의 안전관리자가 위험장소와 작업에 대한 안전조치를 적정하게 이행하는지 여부를 확인하여 지도 감독할 수 있다.

실기과목명	주요항목	세부항목	세세항목
전기설비설계 및 관리	10. 전기설비감리 기성준공 관리	1. 기성 검사하기	1. 공사업자로부터 기성검사원을 접수하고 기성검사를 실시한 이후 그 결과를 발주자에게 보고할 수 있다.
			2. 공정진행에 따른 자재의 반입, 설치, 인력의 투입, 현장시공 상태 등을 확인 후 검사처리절차에 따라 기성검사를 할 수 있다.
			3. 신청된 기성내역과 시공내용이 설계도서와 일치하는지 검사하여 시공기준에 부적합한 경우 기성율을 조정할 수 있다.
			4. 특수공종의 기성검사는 발주자와 협의하여 전문기술자가 포함된 합동 검사를 할 수 있다.
		2. 예비준공검사하기	1. 예정공사기간 내 준공가능 여부와 미진한 사항의 사전 보완을 위해 예비준공검사를 실시 할 수 있다.
			2. 준공가능여부를 판단하기 위하여 잔여공정, 품질시험, 타 공정의 진행사항 등을 고려하고 준공검사에 준하는 검사항목을 적용하여 검사할 수 있다.
			3. 검사 시 자재나 장비 납품업체, 공종별 시공관리책임자와 발주자의 입회하에 예비준공검사를 할 수 있다.
			4. 예비준공검사 결과를 설계도서, 제작승인서류 등과 비교 검토하여 보완사항이 있는 경우 조치하도록 지시하고 재검사하여 합격한 후 준공검사원을 제출할 수 있다.
		3. 시설물 시운전하기	1. 공사업자로부터 시운전 계획서를 제출받아 건축, 기계, 소방 등 시운전 유관자와

실기과목명	주요항목	세부항목	세세항목
전기설비설계 및 관리	10. 전기설비감리 기성준공 관리	3. 시설물 시운전하기	범위, 기간 등을 고려하여 검토하고 발주자에게 제출할 수 있다.
			2. 시운전을 위한 외관점검, 전원공급, 연료, 부품, 측정계측장비 등의 준비를 지시하고 측정기록 문서의 작성을 지도할 수 있다.
			3. 다른 공정과 관련된 설비는 유관자의 입회하에 가동상태, 회전방향, 소음상태 등 성능을 확인할 수 있다.
			4. 시운전 결과가 설계기준치에 적정한지 검토하고, 계속 사용하여야 할 시설은 부분 인수 인계를 시행하고 유지관리자가 지정되도록 조치할 수 있다.
			5. 시운전 완료 후 검사결과 보고서를 공사업자로부터 제출받아 검토 후 발주자에게 제출할 수 있다.
		4. 준공검사하기	1. 공사업자로부터 준공검사원을 접수하고 준공검사를 실시한 이후 그 결과를 발주자에게 보고할 수 있다.
			2. 공사준공에 따른 자재의 반입, 설치, 인력의 투입, 완공된 시설물 등을 확인 후 검사처리절차에 따라 준공검사를 할 수 있다.
			3. 특수공종의 준공검사는 발주자와 협의하여 전문기술자가 포함된 합동 검사를 할 수 있다.
			4. 해당 공사에 상주감리원, 공사업자와 시공관리책임자 입회하에 계약서, 설계설명서, 설계도서 그 밖의 관련 서류에 따라 준공검사를 할 수 있다.

실기과목명	주요항목	세부항목	세세항목
전기설비설계 및 관리	10. 전기설비감리 기성준공 관리		

실기과목명	주요항목	세부항목	세세항목
전기설비설계 및 관리	10. 전기설비감리 기성준공 관리	4. 준공검사하기	5. 공사업자가 작성 제출한 준공도면이 실제 시공된대로 작성되었는지 여부를 검토하고 확인·서명할 수 있다.
			6. 준공검사 시 시공기준에 부적합한 경우 보완하게 한 후, 검사절차에 의해 재검사를 할 수 있다.
			7. 준공검사 시에 공사업자에게 시설물 인수인계를 위한 제반도서, 서류와 예비품의 준비를 지시할 수 있다.
	11. 전기설비 설계감리업무	1. 설계감리계획서 작성하기	1. 설계용역 계약문서, 설계감리 과업내역서 등을 참고하여 설계감리를 수행하는데 필요한 절차와 방법 등을 포함된 설계감리계획서를 작성할 수 있다.
			2. 설계업자로부터 착수신고서를 제출받아 설계예정공정표와 과업수행계획에 대한 적정성 여부를 검토할 수 있다.
			3. 설계용역계획서와 공정표에 따라 단계별 착안사항과 확인사항을 참고하여 설계감리계획을 수립할 수 있다.
			4. 설계대상물의 현장 적합성과 가치공학(Value Engineering) 등을 검토하여 설계단계별 경제성을 검토할 수 있다.
			5. 건축, 소방, 기계, 통신 등 타 공종과의 간섭관계를 고려하여 설계에 반영하게 할 수 있다.
			6. 설계감리 대상물의 특징과 고려사항을 감안하여 설계내용, 예상문제점, 대책 등을 수립할 수 있다.

전기(산업)기사 실기 기출문제풀이 목차

제1장. 송배전선로 전기적 특성 기출문제
 1. 설비불평형률 ··· 063
 2. 전압강하 ··· 065
 3. 다수부하 접속시 간선의 허용전류와 전선관 굵기 ··· 067
 4. 승압효과 ··· 073
 5. 분기회로 계산 ·· 074
 6. 가공송전선로 특징 ·· 075
 7. 데브낭 등가회로 ··· 078
 8. 3상 교류회로의 대칭좌표법과 왜형파 ··· 079
 9. 리액터 종류와 리액터 용량 계산 ·· 083
 10. 콘덴서 충전용량과 유도장해 ·· 085
 11. 분류기, 배율기, 전력계산 ·· 086
 12. 전기기기 계산문제 ··· 089
 13. 지중전선로 ·· 091

제2장. 전력설비 기출문제
 1. 전력퓨즈 ··· 093
 2. PT, CT 결선, GPT결선 ·· 094
 3. 변압기 결선 ··· 099
 4. 역률개선용 콘덴서 용량 ·· 101
 5. 기준충격절연강도(BIL) ··· 105
 6. 피뢰기 ·· 106
 7. 서지흡수기(SA) ··· 108

제3장. 수변전설비 기출문제
 1. 수변전설비 설계 ··· 111
 2. 수용률, 부하율, 부등률을 이용한 용량 계산 ·· 124
 3. 승압용량 ··· 130
 4. 단락사고시 %Z를 이용한 단락전류와 차단기 용량 계산 ··································· 131
 5. 권상기 소요동력 ··· 135
 6. 발전소 출력 ··· 137

제4장. 조명설계와 예비전원 설비 기출문제

   1. 조명설계 ··· 139

   2. 예비전원설비 ·· 147

   3. 무정전 전원공급장치(UPS) ··· 150

   4. 태양광 발전 출력과 비상 전원 ··· 152

제5장. 측정장치 및 공사도면심벌 기출문제

   1. 참값과 오차, 측정기 계측장치 ·· 155

   2. 적산전력계 접속 ·· 156

   3. 계전기 접속과 변압기 시험 ··· 159

   4. 절연내력시험 전압 ··· 162

   5. 접지저항 측정 ··· 166

   6. 약호 및 심벌 ··· 169

   7. 전선 가닥수 계산 ··· 170

   8. 한국전기설비규정 문제 ·· 172

제6장. 시퀀스 제어 기출문제

   1. 유접점, 무접점 회로 ·· 178

   2. 시퀀스 제어 회로 ··· 182

   3. PLC 회로 ··· 198

제1장. 송배전선로 전기적 특성 기출문제

1. 설비 불평형률

문제 1. 그림과 같은 교류 단상 3선식 선로를 보고 다음 각 물음에 답하시오. 산기 00-2, 00-4, 00-6, 01-1, 07-3 (4~10점)

(1) 도면의 잘못된 부분을 고쳐서 그리고 잘못된 부분에 대한 이유를 설명하시오.

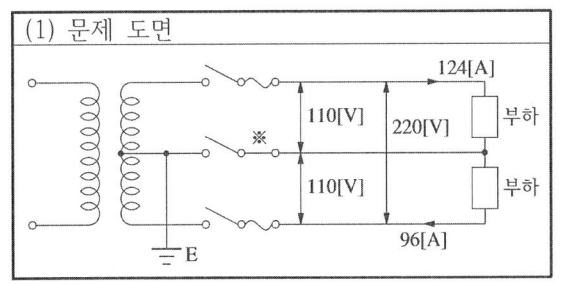
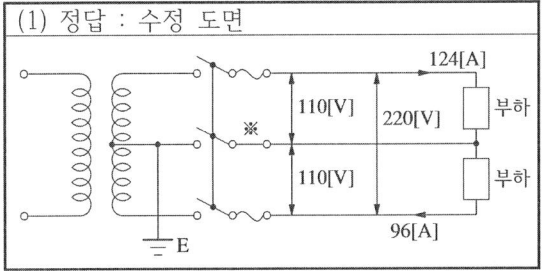

○ 수정할 부분 : 개폐기는 3극 동시 개폐하도록 하여야 한다.

○ 이유 : 동시에 개폐되지 않을 경우 부하의 전압 불평형이 나타날 수 있기 때문이다.

(2) 부하 불평형률은 몇 [%]인가?

○ 계산과정 : 실비불평형률 $= \dfrac{110 \times 124 - 110 \times 96}{\dfrac{1}{2}(110 \times 124 + 110 \times 96)} \times 100 = 25.45[\%]$

○ 정답 : 25.45[%]

(3) 도면에서 ※부분에 퓨즈를 넣지 않고 동선을 연결하였다. 옳은 방법인지의 여부를 구분하고 그 이유를 설명하시오.

○ 정답 : 옳다.

○ 이유 : 퓨즈가 용단되는 경우 경부하 쪽으로 전위가 상승하여 전압불평형이 발생하므로

문제 2. 그림과 같은 단상 3선식 회로에 있어서 a, b, c 각 선에 흐르는 전류는 각각 몇 [A]인지 구하시오. 기사 23-1(6점)

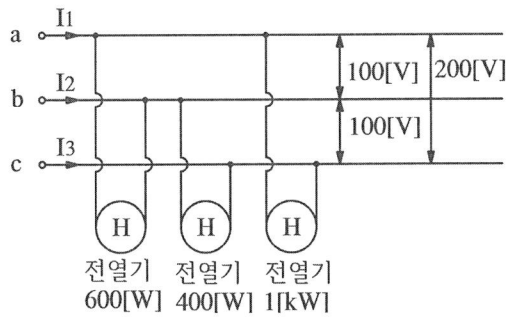

○계산과정 : 각 전열기에 흐르는 전류

600[W]에 흐르는 전류 $I_{ab} = \dfrac{600}{100} = 6[A]$

400[W]에 흐르는 전류 $I_{bc} = \dfrac{400}{100} = 4[A]$

1000[W]에 흐르는 전류 $I_{ca} = \dfrac{1000}{200} = 5[A]$

○정답 : $I_1 = I_{ab} + I_{ca} = 6 + 5 = 11[A]$

$I_2 = I_{bc} - I_{ab} = 4 - 6 = -2[A]$

$I_3 = -I_{bc} - I_{ca} = -4 - 5 = -9[A]$

문제 3. 그림과 같은 부하설비가 3상 4선식 380[V]수전인 경우 설비 불평형률은 몇 %인가?
(단, ⒣는 전열기 부하이고, ⓜ은 전동기 부하이다.) 기사 00, 03-2, 04-3, 05-1, 05-2, 05-3, 09-1, 11-2, 15-2, 20-4, 산기 05-1, 05-3, 07-1, 07-3 (4~10점)
(1) 저압 수전의 3상 4선식 설비 불평형률은 몇[%] 이하로 하여야 하는가? ○정답 : 30[%]

(2) "(1)"항 문제의 제한 원칙에 따르지 않아도 되는 경우를 2가지만 쓰시오.
○저압수전에서 전용 변압기 등으로 수전하는 경우
○고압 및 특고압 수전에서는 100[kVA] 이하의 단상부하인 경우

(3) 그림의 설비불평형률은 몇 [%]인가?

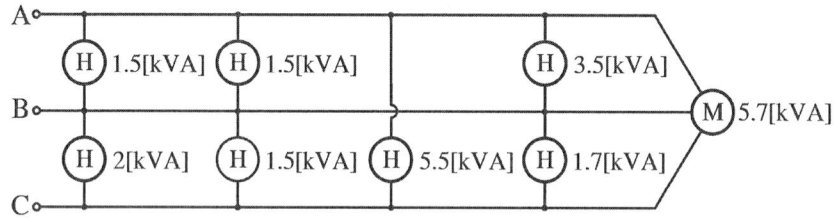

○정답 : 설비 불평형률 = $\dfrac{(1.5+1.5+3.5) - (2+1.5+1.7)}{(1.5+1.5+3.5+2+1.5+1.7+5.5+5.7) \times \dfrac{1}{3}} \times 100 = 17.03[\%]$

문제 4. 그림과 같은 3상 3선식 220[V]의 수전회로가 있다. ⒣는 전열부하이고, ⓜ은 역률 0.8의 전동기이다. 이 그림을 보고 다음 각 물음에 답하시오. 기사 04-2, 10-3, 19-1, 25-1(6점)

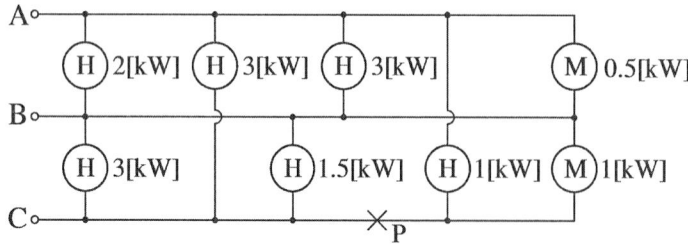

(1) 그림의 설비불평형률은 몇 [%]인가? (단, P점은 단선이 아닌 것으로 계산한다.)

설비불평형률 $\delta = \dfrac{\left(3+1.5+\dfrac{1}{0.8}\right)-(3+1)}{\left(2+3+\dfrac{0.5}{0.8}+3+1.5+\dfrac{1}{0.8}+3+1\right)\times \dfrac{1}{3}} \times 100 = 34.15 \, [\%]$

○ 정답 : 34.15[%]

(2) P점에서 단선이 되었다면 설비불평형률은 몇 %가 되겠는가?

○ 계산과정 : P점이 단선되면 P점 우측 1[kW] 전열기와 1[kW] 전동기가 AB 선간에 대해 직렬접속이 된다.

1[kW] 전열기 $P = \dfrac{V^2}{R_H} \Rightarrow R_H = \dfrac{V^2}{P} = \dfrac{220^2}{1000} = 48.4 \, [\Omega]$

1[kW] 전동기 $P = VI\cos\theta = \dfrac{V^2}{Z}\cos\theta \Rightarrow Z = \dfrac{V^2 \cos\theta}{P} = \dfrac{220^2 \times 0.8}{1,000} = 38.72 \, [\Omega]$

전동기 저항 성분 $R_M = Z\cos\theta = 38.72 \times 0.8 = 30.98 \, [\Omega]$

전동기 리액턴스 성분 $X_M = Z\sin\theta = 38.72 \times 0.6 = 23.23 \, [\Omega]$

전체 임피던스 $Z_o = (48.4+30.98)+j23.23 = 79.38+j23.23 \, [\Omega]$

전체 피상전력 $P_a = \dfrac{V^2}{Z_o} = \dfrac{220^2}{\sqrt{79.38^2+23.23^2}} = 585.18 \, [VA] = 0.585 \, [kVA]$

설비불평형률 = $\dfrac{\left(2+3+\dfrac{0.5}{0.8}+0.585\right)-3}{\dfrac{1}{3}\left(2+3+3+3+1.5+\dfrac{0.5}{0.8}+0.585\right)} \times 100 = 70.24 \, [\%]$

○ 정답 : 70.24[%]

2. 전압강하

문제 5. 그림과 같은 단상 3선식 회로에서 중성선이 ×점에서 단선이 되었다면 각 부하에 걸리는 단자 전압을 구하시오 .(단, 회로의 역률은 1이다.) 산기 22-2, 23-1(5점)

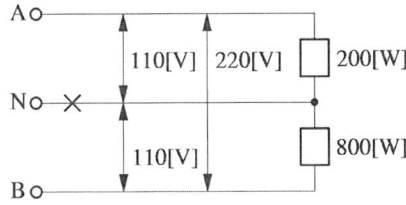

○ 계산과정 : 소비전력 $P = \dfrac{V^2}{R}[W]$ 에서

각 부하 저항 $R_1 = \dfrac{V^2}{P} = \dfrac{110^2}{200} = 60.5 \, [\Omega]$

$R_2 = \dfrac{V^2}{P_2} = \dfrac{110^2}{800} = 15.125 \, [\Omega]$

P점에서 단선이 되면 저항 직렬에 전압이 분배되므로

$$V_1 = \frac{60.5}{60.5+15.125}\times 220 = 176[\text{V}],\ V_2 = 220 - 176 = 44[\text{V}]$$

○정답 : $V_1 = 176[\text{V}],\ V_2 = 44[\text{V}]$

문제 6. 그림의 단상 직류 2선식 배전선로에 접속된 부하분포가 아래 그림과 같다. 급전점 A의 직류전압이 105[V]일 때 B점, C점, D점의 전압을 각각 구하시오. (단, 전선의 굵기는 모두 동일하고 1000[m]당 저항은 $0.25[\Omega]$이다.) 산기 00-2, 09-2, 10-1, 13, 17-2, 18-3, 21-2, 23-1 (6점)

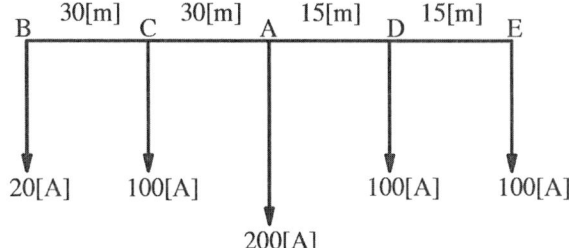

○계산과정 : A점을 기준으로 각 전선으로 흐르는 전류를 다시 그려보면 아래와 같다.

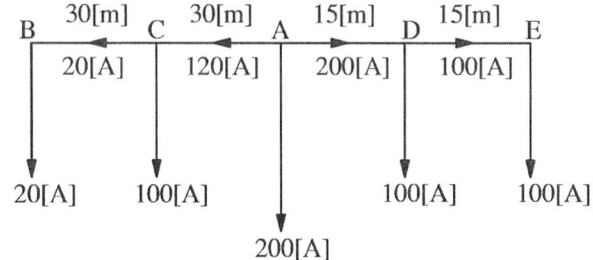

C지점 전압 $V_C = V_A - V_{CA} = 105 - 120 \times \frac{0.25}{1000} \times 30 = 104.1[\text{V}]$

B지점 전압 $V_B = V_C - V_{BC} = 104.1 - 20 \times \frac{0.25}{1000} \times 30 = 103.95[\text{V}]$

D지점 전압 $V_D = V_A - V_{AD} = 105 - 200 \times \frac{0.25}{1000} \times 15 = 104.25[\text{V}]$

○정답: $V_B = 103.95[\text{V}]$ $V_C = 104.1[\text{V}]$
  $V_D = 104.25[\text{V}]$

문제 7. $5[\text{km}]$의 3상 배전선로의 말단에 역률 $80[\%]$(지상) 평형 3상 부하가 접속되어 있다. 지금 전력용 콘덴서로 역률이 $95[\%]$로 개선되었다면 이 선로의 다음 사항은 역률 개선 전의 몇 [%]가 되는지 구하시오.(단, 선로의 임피던스는 1선당 $0.3+j0.4[\Omega/\text{km}]$라 하고 부하 전압은 $6,000[\text{V}]$로 일정하고 부하전력은 $1[\text{MW}]$이다.) 기사 08, 15-2, 17-3, 19-1, 21-2(5점), 22-3(10점)

(1) 전압 강하

○계산과정 : 개선전 전압강하 $e_1 = \frac{P}{V_r}(R+X\tan\theta) = \frac{1000}{6}\left(0.3+0.4\times\frac{0.6}{0.8}\right)\times 5[\text{km}] = 500[\text{V}]$

개선후 전압강하 $e_2 = \frac{P}{V_r}(R+X\tan\theta) = \frac{1000}{6}\left(0.3+0.4\times\frac{\sqrt{1-0.95^2}}{0.95}\right)\times 5[\text{km}] = 359.56\text{V}]$

전압강하비 $\dfrac{e_2}{e_1} \times 100 = \dfrac{359.56}{500} \times 100 = 71.91[\%]$

○ 정답 : $71.91[\%]$

(2) 전력손실

○ 계산과정 : $P_\ell = I^2 R = \left(\dfrac{P}{V\cos\theta}\right)^2 R[\text{W}] \propto \dfrac{1}{\cos^2\theta}$

$P_{80\ell} \propto \dfrac{1}{0.8^2}$, $P_{95\ell} \propto \dfrac{1}{0.95^2}$ 이므로 $\dfrac{P_{95\ell}}{P_{80\ell}} = \dfrac{0.8^2}{0.95^2} \times 100 = 70.91[\%]$

○ 정답 : $70.91[\%]$

문제 8. 3상 3선식 1회선 배전선로의 말단에 역률 $80[\%]$(지상) 평형 3상 부하가 있다. 변전소 인출구 전압이 $6,600[\text{V}]$, 부하의 단자전압이 $6,000[\text{V}]$일 때 이 부하의 소비전력은 몇 $[\text{kW}]$인지 구하시오. (단, 선로의 저항은 $1.4[\Omega]$, 리액턴스는 $1.8[\Omega]$이고, 기타의 선로정수는 무시한다.) 기사 08-1, 08-3, 09-3, 19-1, 21-2, 22-2, 산기 06-3, 07-2, 09-2, 10-1, 17-2, 18, 21-3(5점)

○ 계산과정 : 전압강하 $e = V_s - V_r = 6,600 - 6,000 = 600[\text{V}]$

$P = \dfrac{eV_r}{R + X\tan\theta}[\text{W}] = \dfrac{600 \times 6[\text{kV}]}{\{1.4 + 1.8 \times \tan(\cos^{-1}0.8)\}} = 1,309.09[\text{kW}]$

○ 정답 : $1,309.09[\text{kW}]$

3. 다수 부하(전동기 포함)접속시 간선의 허용전류와 전선관 굵기 산정

문제 9. 그림과 같은 분기회로의 전선 굵기를 표준 공칭단면적($[\text{mm}^2]$)으로 산정하시오. (단, 전압강하는 $2[\text{V}]$이고, 배전방식은 교류 $220[\text{V}]$, 단상 2선식이며 후강전선관 공사로 한다.) 산기 02-2, 06-1, 13-3, 16-3, 19-3, 23-3(6점)

전선의 공칭단면적 $[\text{mm}^2]$										
1.5	2.5	4	6	10	16	25	35	50	70	95

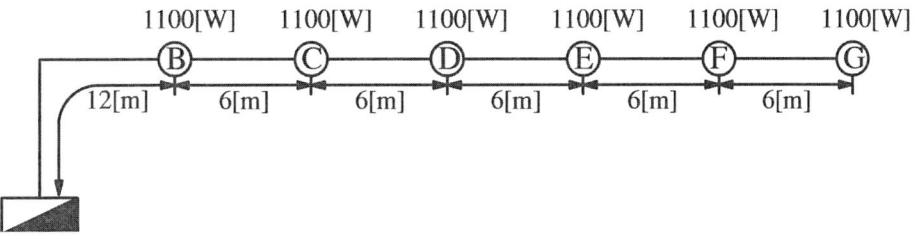

○ 계산과정 : 부하 중심점 거리 $L = 12 + \dfrac{6 \times 5}{2} = 27[\text{m}]$이므로

$A = \dfrac{35.6LI}{1000e} = \dfrac{35.6 \times 27 \times \left(\dfrac{1100}{220} \times 6\right)}{1000 \times 2} = 14.418[\text{mm}^2]$　　　○ 정답 : $16[\text{mm}^2]$

문제 10. 그림의 적산 전력계에서 간선 개폐기까지의 거리는 10[m]이고, 간선 개폐기에서 전동기, 전열기, 전등까지의 분기 회로의 거리를 각각 20[m]라 한다. 간선과 분기선의 전압 강하를 각각 2[V]로 할 때 참고자료표를 이용하여 간선과 전동기 분기선의 전선 굵기를 구하시오. 단, 모든 역률은 1로 가정한다.
기사 03-1, 16-2, 산기 97, 00-6, 14-3(6점)

[조건]
- M_1 : 380[V] 3상 전동기 10[kW]
- M_2 : 380[V] 3상 전동기 15[kW]
- M_3 : 380[V] 3상 전동기 20[kW]
- H : 220[V] 단상 전열기 3[kW]
- L : 220[V] 형광등 40[W]×2등용, 10개

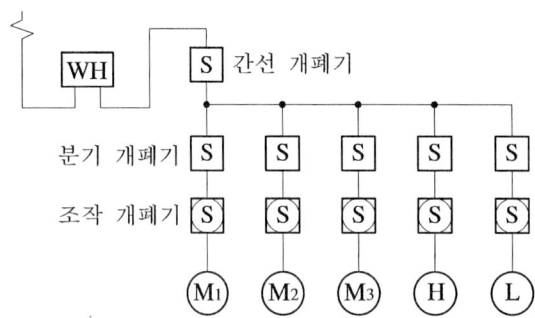

참고자료 [표] 전선 최대 길이(3상 4선식, 3상 380[V], 전압강하 3.8[V], 동선)

전류 [A]	전선의 굵기[mm²]												
	2.5	4	6	10	16	25	35	50	95	150	185	240	300
	전선 최대 길이[m]												
1	534	854	1281	2135	3416	5337	7472	10674	20281	32022	39494	51236	64045
2	267	427	640	1067	1708	2669	3736	5337	10140	16011	19747	25618	32022
3	178	285	427	712	1139	1779	2491	3558	6760	10674	13165	17079	21348
4	133	213	320	534	854	1334	1868	2669	5070	8006	9874	12809	16011
5	107	171	256	427	683	1067	1494	2135	4056	6404	7899	10247	12809
6	89	142	213	356	569	890	1245	1779	3380	5337	6582	8539	10674
7	76	122	183	305	488	762	1067	1525	2897	4575	5642	7319	9149
8	67	107	160	267	427	667	934	1334	2535	4003	4937	6404	8006
9	59	95	142	237	380	593	830	1186	2253	3558	4388	5693	7116
12	44	71	107	178	285	445	623	890	1690	2669	3291	4270	5337
14	38	61	91	152	244	381	534	762	1449	2287	2821	3660	4575
15	36	57	85	142	228	356	498	712	1352	2135	2633	3416	4270

[비고 1] 전압강하가 2[%] 또는 3[%]의 경우, 전선길이는 각각 이 표의 2배 또는 3배가 된다.
[비고 2] 전류가 20[A] 또는 200[A] 경우의 전선길이는 각각 이 표의 전류 2[A] 경우의 1/10 또는 1/100이 된다.
[비고 3] 이 표는 평형부하의 경우에 대한 것이다.
[비고 4] 이 표는 역률 1로 하여 계산한 것이다.

(1) 간선

○계산과정
- $I_{M1} = \dfrac{10}{\sqrt{3} \times 0.38} = 15.19[A]$
- $I_{M2} = \dfrac{15}{\sqrt{3} \times 0.38} = 22.79[A]$
- $I_{M3} = \dfrac{20}{\sqrt{3} \times 0.38} = 30.39[A]$
- $I_H = \dfrac{3000}{220} = 13.64[A]$

- $I_L = \dfrac{(40 \times 2) \times 10}{220} = 3.64[\text{A}]$

- 간선에 흐르는 전류의 합 = 15.19 + 22.79 + 30.39 + 13.64 + 3.64 = 85.65[A]

- 전선 최대 긍장 : $L = \dfrac{\text{배선설계의 긍장} \times \dfrac{\text{부하의 최대사용전류}}{\text{표의 전류}}}{\dfrac{\text{배선설계의 전압강하}}{\text{표의 전압강하}}} = \dfrac{10 \times \dfrac{85.65}{8}}{\dfrac{2}{3.8}} = 203.42[\text{m}]$

- 임의 선택한 8[A] 행에서 전선 최대 긍장 203.42[m]를 만족할 수 있는 267[m]란과 만나는 $10[\text{mm}^2]$의 전선을 선택하여 전선 굵기를 구할 수 있다.

○ 정답 : $10[\text{mm}^2]$

(2) 분기선의 굵기

- 전동기 M_1 : $L_{M1} = \dfrac{\text{배선설계의 긍장} \times \dfrac{\text{부하의 최대사용전류}}{\text{표의 전류}}}{\dfrac{\text{배선설계의 전압강하}}{\text{표의 전압강하}}} = \dfrac{20 \times \dfrac{15.19}{1}}{\dfrac{2}{3.8}} = 577.22[\text{m}]$

○ 정답 : $4[\text{mm}^2]$ 선정

- 전동기 M_2 : $L_{M2} = \dfrac{\text{배선설계의 긍장} \times \dfrac{\text{부하의 최대사용전류}}{\text{표의 전류}}}{\dfrac{\text{배선설계의 전압강하}}{\text{표의 전압강하}}} = \dfrac{20 \times \dfrac{22.79}{1}}{\dfrac{2}{3.8}} = 866.02[\text{m}]$

○ 정답 : $6[\text{mm}^2]$ 선정

- 전동기 M_3 : $L_{M3} = \dfrac{\text{배선설계의 긍장} \times \dfrac{\text{부하의 최대사용전류}}{\text{표의 전류}}}{\dfrac{\text{배선설계의 전압강하}}{\text{표의 전압강하}}} = \dfrac{20 \times \dfrac{30.39}{1}}{\dfrac{2}{3.8}} = 1154.82[\text{m}]$

○ 정답 : $6[\text{mm}^2]$ 선정

문제 11. 단상 3선식 110/220[V]를 채용하고 있는 어떤 건물이 있다. 변압기가 설치된 수전실로부터 60[m] 되는 곳에 부하 집계표와 같은 분전반을 시설하고자 한다. 다음 조건과 허용전류표를 참고하여 전압변동률 2[%]이하, 전압강하율 2[%]이하가 되도록 다음 사항을 구하시오. 기사 00-2, 01-1, 04-1, 17-1, 18-1, 20-3, 22-3(7~13점)

<조건>
 ○ 후강전선관 공사로 한다.
 ○ 3선 모두 같은 굵기 선로로 한다.
 ○ 부하의 수용률은 100[%]로 본다.
 ○ 후강전선관 내 전선의 점유율은 48[%] 이내를 유지하도록 한다.)

[전선의 허용전류표]

도체 단면적[mm²]	허용전류[A]	전선관 3본 이하 수용시[A]	전선 피복 포함 단면적[mm²]
6	54	48	32
10	75	66	43
16	100	88	58
25	133	117	88
35	164	144	104
50	198	175	163

[부하집계표]

회로번호	부하명칭	부하[VA]	부하 분담[VA]		MCCB 크기			비 고
			A	B	극수	AF	AT	
1	전등	2,400	1,200	1,200	2	50	20	
2	전등	1,400	700	700	2	50	20	
3	콘센트	1,000	1,000	-	2	50	20	
4	콘센트	1,400	1,400	-	2	50	20	
5	콘센트	600	-	600	2	50	20	
6	콘센트	1,000	-	1,000	2	50	20	
7	팬코일	700	700	-	2	30	20	
8	팬코일	700	-	700	2	30	20	
		9,200	5,000	4,200				

(1) 간선의 공칭단면적[mm²]을 구하시오. 기사 14-2, 15-3, 16-2, 20-3(4~5점)

○ 계산과정 : A선의 전류 $I_A = \dfrac{5000}{110} = 45.45[A]$

B선의 전류 $I_B = \dfrac{4200}{110} = 38.18[A]$

I_A, I_B 중 큰 전류인 45.45[A]를 기준으로 전선의 단면적을 계산한다.

$A = \dfrac{17.8LI}{1000e} = \dfrac{17.8 \times 60 \times 45.45}{1000 \times 110 \times 0.02} = 22.06[mm^2]$ 정답 : $25[mm^2]$

(2) 간선 보호용 과전류 차단기의 용량(AT, AF)을 구하시오.
단, AT는 10, 20, 32, 40, 50, 63, 80, 100, AF는 30, 50, 100에서 선택하여 선정한다.
해설: 간선의 허용전류(설계전류)는 $I_B = 45.45[A]$, 공칭단면적 $25[mm^2]$이므로 전선의 허용전류표에서 찾으면 117[A]이므로 $I_B \le I_n \le I_Z$의 조건을 만족하는 정격전류 I_n은 100[A]가 된다.
정답 : ・AT : 100[A], ・AF : 100[A]

(3) 후강전선관의 굵기를 선정하시오. (단, 굵기[mm]는 16, 22, 28, 36, 42, 54, 70, 82에서 선택하여 선정한다.)

○ 계산과정 : 전선의 허용전류표에서 $25[mm^2]$ 전선 피복 포함 단면적이 $88[mm^2]$이므로
전선의 총 단면적 $S = 88 \times 3 = 264[mm^2]$이고 전선의 점유율은 48% 이내이어야 하므로 전선관의 직경이 $D[mm]$라면

$S = \dfrac{\pi D^2}{4} \times 0.48 \ge 264[mm^2]$

$D \ge \sqrt{\dfrac{264 \times 4}{\pi \times 0.48}} = 26.46[mm]$ ○ 정답 : 28[mm]

(4) 설비 불평형률을 구하시오.

불평형률 = $\dfrac{3100 - 2300}{\dfrac{1}{2}(5000 + 4200)} \times 100 = 17.39[\%]$ ○ 정답 : 17.39[%]

(5) 분전반의 복선결선도를 완성하시오.

문제 : 미완성	정답 : 완성
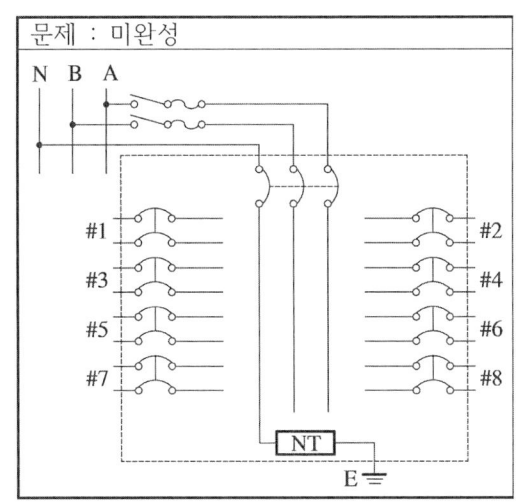	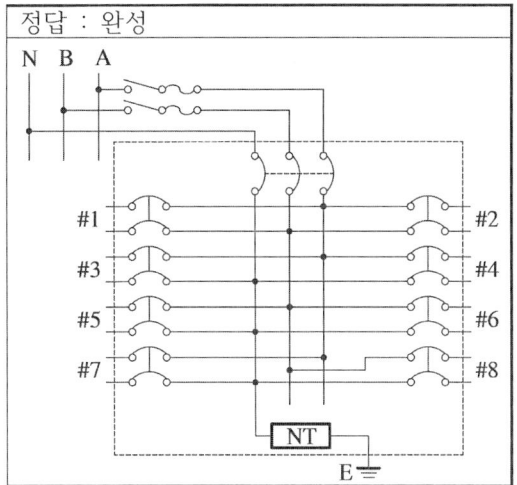

문제 12. 3.7[kW]와 7.5[kW]의 직입기동 농형전동기 및 22[kW] 권선형 전동기 등 3대를 그림과 같이 접속하였다. 이때 다음 [표1], [표2]를 이용하여 각 물음에 답하시오.
기사 00-2, 01-1, 13-1, 14-1, 14-2, 15-2, 16-1, 16-3, 17-3, 20-2(7점)

[표 1] 200[V] 3상 유도전동기의 간선의 굵기 및 기구의 용량(B종 퓨즈의 경우) →여러 대 적용

전동기[kW]수 총계[kW] 이하	최대 사용 전류[A] 이하	배선종류에 의한 간선의 최소 굵기[mm²]						직입기동 전동기 중 최대용량의 것								
		공사방법 A1		공사방법 B1		공사방법 C		0.75 이하	1.5	2.2	3.7	5.5	7.5	11	15	18.5	22
		3개선		3개선		3개선		기동기 사용 전동기 중 최대 용량의 것								
								-	-	-	5.5	7.5	11 15	18.5 22	-	30 37	-
		PVC	XLPE.EPR	PVC	XLPE.EPR	PVC	XLPE.EPR	과전류 차단기[A] ····· (칸 위 숫자) 개폐기 용량[A] ····· (칸 아래 숫자)								
3	15	2.5	2.5	2.5	2.5	2.5	2.5	15 30	20 30	30 30						
4.5	20	4	2.5	2.5	2.5	2.5	2.5	20 30	20 30	30 30	50 60	-	-	-	-	-
6.3	30	6	4	6	4	4	2.5	30 30	30 30	50 60	50 60	75 100	-	-	-	-
8.2	40	10	6	10	6	6	4	50 60	50 60	50 60	75 100	75 100	100 100	-	-	-
12	50	16	10	10	10	10	6	50 60	50 60	50 60	75 100	75 100	100 100	150 200	-	-
15.7	75	35	25	25	16	16	16	75 100	75 100	75 100	75 100	100 100	100 100	150 200	150 200	-
19.5	90	50	25	35	25	25	16	100 100	100 100	100 100	100 100	100 100	150 200	150 200	200 200	200 200
23.2	100	50	35	35	25	35	25	100 100	100 100	100 100	100 100	150 200	150 200	200 200	200 200	200 200
30	125	70	50	50	35	50	35	150 200	150 200	150 200	150 200	150 200	150 200	150 200	200 200	200 200
37.5	150	95	70	70	50	70	50	150 200	150 200	150 200	150 200	150 200	150 200	**150 200**	200 300	200 300
45	175	120	70	95	50	70	50	200 200	200 200	200 200	200 200	200 200	200 200	200 200	300 300	300 300

[비고 1] 최소 전선 굵기는 1회선에 대한 것임.
[비고 2] 공사 방법 A1은 벽 내의 전선관에 공사한 절연전선 또는 단심케이블. B1은 벽면의 전선관에 공사한 절연전선 또는 단심케이

블. 공사 방법 C는 벽면에 공사한 단심 또는 다심케이블을 시설하는 경우의 전선 굵기를 표시하였다.
[비고 3] 「전동기 중 최대의 것」에는 동시 기동하는 경우를 포함함.
[비고 4] 과전류 차단기의 용량은 해당 조항에 규정되어 있는 범위에서 실용상 거의 최대값을 표시함.
[비고 6] 고리퓨즈는 300A이하에서 사용하여야 한다.

[표 2] 200[V] 3상 유도전동기의 1대인 경우의 분기회로 →1대 적용

정격 출력 [kW]	전부하 전류 [A]	배선종류에 의한 간선의 최소 굵기 [mm²]						개폐기용량(A)				과전류차단기 B종 퓨즈(A)				전동기용 초과 눈금 전류계의 정격 전류	접지선의 최소 굵기 mm²
		공사방법 A1 3개선		공사방법 B1 3개선		공사방법 C 3개선		직입기동		기동기사용		직입기동		기동기사용			
		PVC	XLPE.EPR	PVC	XLPE.EPR	PVC	XLPE.EPR	현장조작	분기	현장조작	분기	현장조작	분기	현장조작	분기		
0.2	1.8	2.5	2.5	2.5	2.5	2.5	2.5	15	15			15	15			3	2.5
0.4	3.2	2.5	2.5	2.5	2.5	2.5	2.5	15	15			15	15			5	2.5
0.75	4.8	2.5	2.5	2.5	2.5	2.5	2.5	15	15			15	15			5	2.5
1.5	8	2.5	2.5	2.5	2.5	2.5	2.5	15	30			15	20			10	4
2.2	11.1	2.5	2.5	2.5	2.5	2.5	2.5	30	30			20	30			15	4
3.7	17.4	2.5	2.5	2.5	2.5	2.5	2.5	30	60			30	50			20	6
5.5	26	6	4	4	2.5	4	2.5	60	60	30	60	50	60	30	50	30	6
7.5	34	10	6	6	4	6	4	100	100	60	100	75	100	50	75	30	10
11	48	16	10	10	6	10	6	100	200	100	100	100	150	75	100	60	10
15	65	25	16	16	10	16	10	100	200	100	100	100	150	100	100	60	16
18.5	79	35	25	25	16	25	16	200	200	100	200	150	200	100	150	100	16
22	93	50	25	35	25	25	16	200	200	100	200	150	200	100	150	100	16
30	124	70	50	35	35	50	35	200	400	200	200	200	300	150	200	150	25
37	152	95	70	70	50	70	50	200	400	200	200	200	300	150	200	200	25

[비고 1] 최소 전선 굵기는 1회선에 대한 것이며, 2회선 이상일 경우는 복수회로 보정계수를 적용하여야 한다.
[비고 2] 공사 방법 A1은 벽 내의 전선관에 공사한 절연전선 또는 단심케이블, B1은 벽면의 전선관에 공사한 절연전선 또는 단심케이블, 공사 방법 C는 벽면에 공사한 단심 또는 다심케이블을 시설하는 경우의 전선 굵기를 표시하였다.
[비고 3] 전동기 2대 이상을 동일 회로로 할 경우는 간선의 표를 적용할 것
[비고 4] 전동기용 퓨즈 또는 모터브레이커를 사용하는 경우는 전동기의 정격 출력에 적합한 것을 사용할 것.
[비고 5] 과전류차단기의 용량은 해당 조항에서 규정된 범위에서 실용상 거의 최대값을 표시한다.
[비고 6] 개폐기 용량이 [kW]로 표시된 것은 이것을 초과하는 정격 출력 전동기에 사용하지 말 것

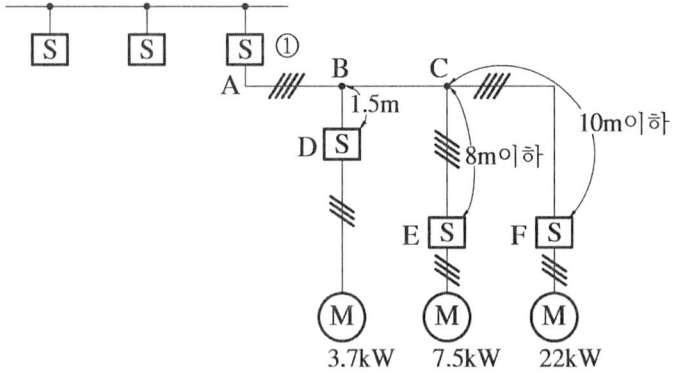

<공사조건>
○ 공사방법 : B1
○ 사용전선 : XLPE 절연전선 사용
○ 전동기 정격전압 : 200[V]
○ 간선 및 분기회로에 사용되는 전선 도체의 재질 및 종류는 같다.
○ 선정 및 계산시 내선규정의 기준 중 전선의 종류 및 재질에 따른다.

(1) 간선에 사용되는 과전류 차단기와 개폐기(①)의 최소 용량은 몇 [A]인가?

ㅇ용량 선정 과정: 전동기 용량 총합 $= 3.7 + 7.5 + 22 = 33.2[kW]$

표1에서 전동기 총합 37.5[kW]와 기동기 사용(직입기동) 22[kW]가 만나는 칸을 분석하면 과전류 차단기 150[A], 개폐기 용량은 200[A]로 선정한다.

ㅇ정답 : 과전류 차단기 용량 150[A], 개폐기용량 200[A]

(2) 간선의 최소 굵기는 몇 $[mm^2]$인지 쓰시오.

표1에서 전동기 총합 37.5[kW]와 공사방법 B1, XLPE과 만나는 칸을 분석하면 간선 50$[mm^2]$ 선정

ㅇ 정답 : 50$[mm^2]$

(3) C와 E사이의 분기회로에 사용되는 전선의 최소 굵기는 몇 $[mm^2]$인지 선정하시오.

ㅇ 전선 선정 과정:전동기 1대이므로 표2에서 7.5[kW]와 공사방법 B1, XLPE과 만나는 칸을 분석하면 간선 4$[mm^2]$ 선정

ㅇ정답 : 전선의 굵기 4$[mm^2]$

(4) C와 F사이의 분기회로에 사용되는 전선의 최소 굵기는 몇 $[mm^2]$인지 선정하시오.

ㅇ 전선 선정 과정:전동기 1대이므로 표2에서 22[kW]와 공사방법 B1, XLPE과 만나는 칸을 분석하면 간선 25$[mm^2]$ 선정

ㅇ정답 : 전선의 굵기 25$[mm^2]$

4. 승압 효과

문제 13. 공급전압을 220[V]에서 380[V]로 승압할 경우 저압간선에 나타나는 효과로서 다음 각 물음에 답하시오. 기사 06-2, 08-2, 산기 02-2, 06-2, 07-3, 09-3, 11-3, 13-1, 13-3, 22-3(6·9점)

(1) 공급능력 증대는 몇 배인가?

ㅇ계산과정 : $P \propto V^2$이므로 $P' = \left(\frac{380}{220}\right)^2 P = 2.98P$ ㅇ정답 : 2.98배

(2) 전력손실의 감소는 몇 [%]인가?

ㅇ계산과정 : $P_\ell \propto \frac{1}{V^2}$이므로 $P_\ell' = \left(\frac{220}{380}\right)^2 P_\ell = 0.3352 P_\ell$

그러므로 전력손실 감소는 $1 - 0.3352 = 0.6648$ ㅇ정답 : 66.48[%]

문제 14. 송전선로 전압을 154[kV]에서 345[kV]로 승압할 경우 송전선로에 나타나는 효과로서 전압강하율의 감소는 몇 [%] 인가?

ㅇ계산과정 : 전압강하율 $\epsilon \propto \frac{1}{V^2}$ 이므로 $\epsilon_{345} = \left(\frac{154}{345}\right)^2 \epsilon_{154} = 0.1993 = 19.93[\%]$

전압강하율 감소분 $= 100 - 19.93 = 80.07[\%]$ ㅇ정답 : 80.07[%]

5. 분기회로수 계산

문제 15. 옥내 배선에서 사용 전압 220[V]이고, 소비전력 40[W], 역률 80[%]인 2등용 형광등 기구 60개를 설치할 때 15[A]의 분기 회로 최소 수는 몇 회로가 필요한가? (단, 안정기의 손실은 고려하지 않고 1회로의 부하 전류는 분기 회로 용량의 80[%]로 한다.) 기사 04-3, 06-2, 산기 11-3, 17-1, 18-1, 21-1, 24-3(4~5점)

○ 계산과정 : 분기회로수 $= \dfrac{\frac{40}{0.8} \times 2 \times 60}{220 \times 15 \times 0.8} = 2.27$

○ 정답 : 15[A] 분기회로 3회로

문제 16. 단상 2선식 220[V]옥내 배선에서 용량 100[VA], $\cos\theta = 0.8$인 형광등 50개와 소비전력 60[W]인 백열전등 50개를 설치할 경우 최소 분기회로 수는? (단, 분기회로는 16[A]분기회로로 하며, 수용률은 80[%]로 한다.) 기사 96, 04, 06-2, 14, 21-2(5점), 산기 02-1, 10-3, 12-1, 14-2, 15-3, 22-3(6점)

○ 계산과정 : 형광등 부하와 백열전등 부하 역률이 다르므로 반드시 유효분, 무효분으로 분류해서 계산할 것.
- 100[VA] 형광등 부하
  ○ 유효 전력 : $P_1 = 100 \times 50 \times 0.8 = 4000[\text{W}]$
  ○ 무효전력 : $P_{r1} = 100 \times 50 \times 0.6 = 3000[\text{Var}]$
- 60[W] 백열전등 : 유효전력 $P_2 = 60 \times 50 = 3000[\text{W}]$
- 전체 피상전력 : $P_a = \sqrt{(P_1+P_2)^2 + P_{r1}^2} = \sqrt{(4000+3000)^2 + 3000^2} = 7615.77[\text{VA}]$
- 분기회로 수 : $N = \dfrac{7615.77 \times 0.8}{220 \times 16} = 1.73$

○ 정답 : 16[A] 분기 2회로

문제 17. 그림과 같은 주택과 상점의 2층 건물의 평면도에 대한 전기배선설계를 하기 위하여 주어진 조건을 이용하여 1층 및 2층을 분리하여 분기회로수를 결정하고자 한다. (단, 룸에어컨은 별도의 회로로 본다.) 산기 00-6, 02-1, 10-3, 12-1, 14-2, 15-3, 22-3(6점)

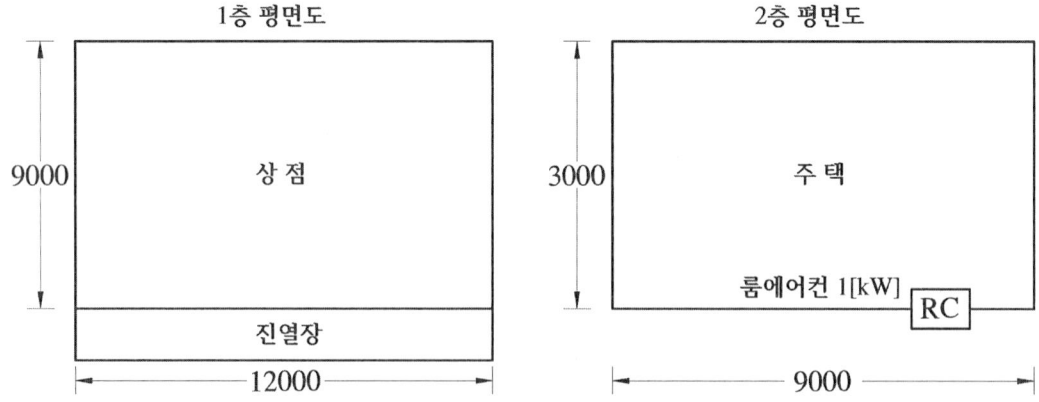

- 분기 회로는 15[A] 분기 회로로 하고 80[%]의 정격이 되도록 한다.
- 배전 전압은 220[V]를 기준으로 하여 적용 가능한 최대 부하를 상정한다.

- 주택의 표준 부하는 $40[VA/m^2]$, 상점의 표준부하는 $30[VA/m^2]$로 한다.
- 1층과 2층은 분리하여 분기회로수를 결정하고 상점과 주택에 각각 1000[VA]를 가산하여 적용한다.
- 상점의 진열장은 대해서는 길이 1[m]당 300[VA]를 적용한다.
- 옥외 광고등 500[VA]짜리 1등이 상점에 있는 것으로 한다.
- 기타 예상이 곤란한 콘센트, 소켓 등이 있는 경우라도 적용하지 않는다.

(1) 1층 상점의 분기회로수를 구하시오.

○ 계산과정 : 상점 부하용량 $P_1 = 30 \times 12 \times 9 + 12 \times 300 + 500 + 1000 = 8340[VA]$

분기회로수 $N_1 = \dfrac{8340}{220 \times 15 \times 0.8} = 3.16$ 그러므로 15[A]분기회로 4회로

○ 정답 : 15[A]분기회로 4회로

(2) 2층 주택의 분기회로수를 구하시오.

○ 계산과정 : 주택 부하용량 $P_2 = 40 \times 9 \times 3 + 1000 = 2080[VA]$

분기회로수 $N_2 = \dfrac{2080}{220 \times 15 \times 0.8} = 0.79$ → 15[A]분기회로 1회로와 룸에어컨 별도분기 1회로

○ 정답 : 15[A]분기회로 2회로

6. 가공송전선로 특징

문제 18. 다음 주어진 조건으로 1회선 당 가능한 송전전력[kW]을 Still의 식을 이용하여 구하시오.

(1) 송전거리 40[km], 송전전력 10,000[kW]일때 송전전압을 구하시오.(단, still 식에 의거 구하시오.) 산기 22-2(5점)

○ 계산과정 : 송전전압 $V = 5.5\sqrt{0.6\ell + \dfrac{P}{100}} = 5.5\sqrt{0.6 \times 40 + \dfrac{10,000}{100}} = 61.25[kV]$

○ 정답 : 61.25[kV]

(2) 초고압 송전전압이 345[kV], 선로거리가 200[km]인 경우 1회선 당 가능한 송전전력[kW]을 Still의 식을 이용하여 구하시오. 기사 16-1, 20-4, 21-1(5점)

[해설] 송전전압 $V = 5.5\sqrt{0.6\ell + \dfrac{P}{100}}[kV]$양변을 제곱하여 전력 P로 정리한다.

$V^2 = 5.5^2\left(0.6\ell + \dfrac{P}{100}\right)$에서 $\dfrac{V^2}{5.5^2} = 0.6\ell + \dfrac{P}{100}$ 이므로

송전전력 $P = \left(\dfrac{V^2}{5.5^2} - 0.6\ell\right)100 = \left(\dfrac{345^2}{5.5^2} - 0.6 \times 200\right) \times 100 = 381,471.07[kW]$

○ 정답 : 381,471.07[kW]

문제 19. 다음 그림은 345[kV] 송전선로 철탑 및 1상당 소도체를 나타낸 그림이다. 다음 각 물음에 답하시오. (단, 각 수치의 단위는 [mm]이며, 도체의 직경은 29.6[mm]이다.) 기사 07-1, 14-3, 21-2(6점)

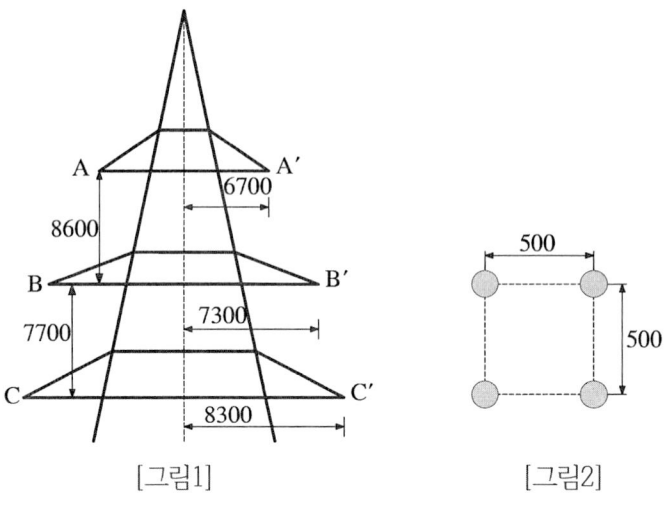

[그림1]　　　　　　　　[그림2]

(1) 송전철탑의 암의 길이 및 암 간격이 [그림1]과 같은 경우 등가 선간거리[m]를 구하시오.
○계산과정

AB사이 등가 선간거리 $D_1 = \sqrt{8600^2 + (7300-6700)^2} = 8620.90[mm] = 8.62[m]$

BC사이 등가선간거리 $D_2 = \sqrt{7700^2 + (8300-7300)^2} = 7764.66[mm] = 7.76[m]$

AC사이 등가 선간거리 $D_3 = \sqrt{(8600+7700)^2 + (8300-6700)^2} = 16378.34[mm] = 16.38[m]$

등가선간 거리 $D = \sqrt[3]{D_1 \cdot D_2 \cdot D_3} = \sqrt[3]{8.62 \times 7.76 \times 16.38} = 10.31[m]$

○정답 : 10.31[m]

(2) 송전선로 1상당 소도체가 [그림2]와 같이 구성되어 있을 경우 기하학적 평균거리[m]를 구하시오.
○계산과정 $D_o = \sqrt[6]{2}D_1 = \sqrt[6]{2} \times 0.5 = 0.56[m]$　　　　○정답 : 0.56[m]

문제 20. 다음은 가공 송전선로의 코로나 임계전압을 나타낸 식이다. 이 식을 보고 다음 각 물음에 답하시오. 기사 08-3, 09-3, 18-3(5~6점)

$$E_0 = 24.3 m_0 m_1 \delta d \log_{10} \frac{D}{r}[kV]$$

(1) 기온 t[℃]에서의 기압을 b[mmHg] 라고 할 때 $\delta = \frac{0.386b}{273+t}$ 로 나타내는데 이 δ는 무엇을 의미하는지 쓰시오.
○정답 : 상대 공기 밀도

(2) m_1이 날씨에 의한 계수라면, m_0는 무엇에 의한 계수인지 쓰시오.
○정답 : 전선표면의 상태계수

(3) 코로나에 의한 장해의 종류 4가지만 쓰시오.
○ 코로나 손실 발생
○ 코로나 잡음 발생
○ 통신선 유도 장해 발생
○ 전선의 부식 발생

(4) 코로나 발생을 방지하기 위한 주요 대책을 2가지만 쓰시오.
① 굵은 전선을 사용한다.
② 복도체를 사용한다.

문제 21. 154[kV], 60[Hz]의 3상 송전선로가 있다. 사용전선은 19/3.2mm 경동연선(지름 1.6cm)이고 등가선간거리 400cm의 정삼각형의 정점에 배치되어 있다. 기압 760mmHg, 기온 30°C일 때 코로나 임계전압 [kV/phase]및 코로나 손실[kW/km/phase]을 구하시오. (단, 날씨계수 $m_0 = 1$, 전선표면계수 $m_0 = 0.85$, 상대공기밀도 δ는 760mmHg, 기온 25°C일 때 1이다.) 기사 10-1, 21-2(6점)

(1) 코로나 임계전압

○계산과정 : 코로나 임계전압 $E_o = 24.3\,m_o m_1 \delta d \log_{10} \dfrac{D}{r}$[kV]

상대공기밀도: 기온 25[°C]일 때 상대공기밀도는 1이고 30[°C]에서의 상대공기밀도를 적용해야 하므로

$\delta = \dfrac{\dfrac{760}{273+30}}{\dfrac{760}{273+25}} = \dfrac{273+25}{273+30} = 0.98$

전선의 지름 1.6cm이므로 전선의 반지름 0.8cm

코로나 임계전압 $E_o = 24.3\,m_o m_1 \delta d \log_{10} \dfrac{D}{r} = 24.3 \times 0.85 \times 1 \times 0.98 \times 1.6 \times \log \dfrac{400}{0.8} = 87.41$[kV/phase]

○정답 : 87.41[kV/phase]

(2) 코로나 손실

○계산과정 : 코로나 손실 $P_\ell = \dfrac{241}{\delta}(f+25)\sqrt{\dfrac{d}{2D}}(E-E_0)^2 \times 10^{-5}$[kW/km/line]

$P_\ell = \dfrac{241}{0.98} \times (60+25)\sqrt{\dfrac{1.6}{2 \times 400}} \times \left(\dfrac{154}{\sqrt{3}} - 87.41\right)^2 \times 10^{-5} = 2.11 \times 10^{-2}$[kW/km/phase]

○정답 : 2.11×10^{-2}[kW/km/phase]

문제 22. 전선이 정삼각형의 정점에 배치된 3상 선로에서 전선의 굵기, 선간거리, 표고, 기온에 의하여 코로나 파괴 임계전압이 받는 영향을 쓰시오. 기사 15-2(4점)

○답란

구분	임계전압이 받는 영향
전선의 굵기	굵을수록 임계전압이 커진다.
선간거리	커질수록 임계전압이 커진다.
표고(m)	표고가 높을수록 기압이 낮아져서 임계전압이 작아진다.
기온(°C)	기온이 높아지면 임계전압이 작아진다.

7. 데브냥 등가회로

문제 23. 오실로스코프의 감쇄 probe는 입력전압의 크기를 10배의 배율로 감소시키도록 설계되어 있다. 그림에서 오실로스코프의 입력 임피던스 R_S는 1[MΩ]이고, probe의 내부 저항 R_P는 9[MΩ]이다. 다음 물음에 답하시오. 기사 06-1, 09-1, 18-3 (9점)

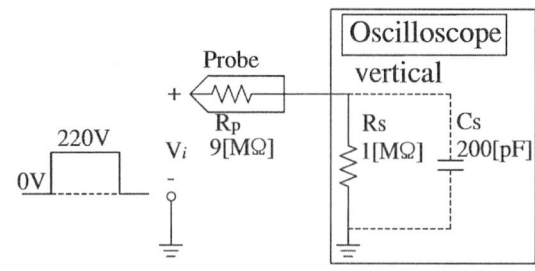

(1) Oscilloscope의 내부 저항 $R_s = 1[M\Omega]$과 $C_s = 200[pF]$의 콘덴서가 병렬로 연결되어 있을 때 콘덴서 C_s에 대한 테브냉의 등가회로가 다음과 같다면 시정수 τ와 $v_i = 220[V]$일 때의 테브난의 등가전압 V_{th}를 구하시오.

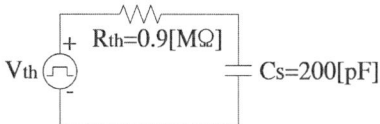

- 시정수 : $\tau = R_{th} C_s = 0.9 \times 10^6 \times 200 \times 10^{-12} = 180 \times 10^{-6}[\sec] = 180[\mu \cdot \sec]$
- 등가전압(데브냉 전압) $E_{th} = \dfrac{R_s}{R_P + R_s} \times v_i = \dfrac{1}{9+1} \times 220 = 22[V]$

(2) 인가 주파수가 10[kHz]일때 주기는 몇 [m·sec]인가?

$T = \dfrac{1}{f} = \dfrac{1}{10 \times 10^3} = 0.1 \times 10^{-3}[\sec] = 0.1[m \cdot \sec]$

○정답 : $0.1[m \cdot \sec]$

[해설] probe : 테스트 지점 또는 시그널 소스를 오실로스코프의 입력에 연결해주는 장치.
(1) $R-C$ 직렬회로의 시정수 : $\tau = RC[\sec]$
(2) 주기와 주파수의 관계 : $T = \dfrac{1}{f}[\sec]$

문제 24. 다음 회로에서 최대전력이 전달되도록 a, b 사이에 저항을 삽입하고자 한다. 다음 각 물음에 답하시오. (단, 전원의 효율은 90%이다.) 기사 23-1(5점)

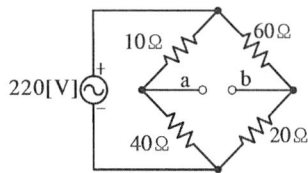

(1) 최대전력을 전달하기 위한 a-b 단자 사이의 저항은 몇[Ω]을 접속해야 하는지 구하시오.
○계산과정 : 데브냉 등가회로로 변환하여 최대전력전달조건을 만족하는 저항 R_{ab}를 계산한다.
$R_o = R_{ab} = \dfrac{60 \times 20}{60+20} + \dfrac{10 \times 40}{10+40} = 15 + 8 = 23[\Omega]$
○정답 : $23[\Omega]$

(2) a, b 사이에 10분 동안 전원을 인가한 경우 삽입된 저항이 한 일[kJ]을 구하시오.

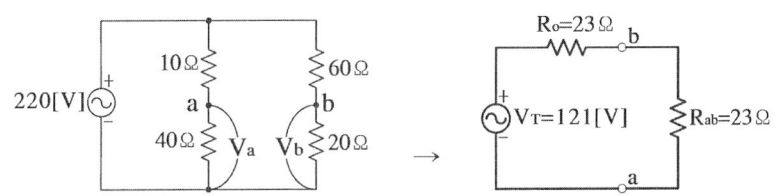

데브낭 전압 $V_T = V_a - V_b = \dfrac{40}{10+40} \times 220 - \dfrac{20}{60+20} \times 220 = 121[V]$

$I = \dfrac{V_T}{R_o + R_{ab}} = \dfrac{121}{23+23} = \dfrac{121}{46}[A]$

전력량 $W = I^2 R t = \left(\dfrac{121}{46}\right)^2 \times 23 \times 10 \times 60 \times 0.9 \times 10^{-3} = 85.94[kJ]$

◦ 정답 : 85.94[kJ]

[해설] 데브낭 정리를 이용하여 등가회로로 변환
◦ 최대전력전달조건 : 부하저항=내부저항
◦ 최대전력 $P_m = \dfrac{V^2}{4R_o}[W]$ ◦ 전력량 $W = Pt = VIt = I^2Rt = \dfrac{V^2}{R}t[J]$

8. 3상 교류회로의 대칭좌표법과 왜형파

문제 25. 그림과 같은 교류 3상 3선식 전로에 연결된 3상 평형부하가 있다. 이때 c상의 P점이 단선된 경우, 이 부하의 소비전력은 단선 전 소비전력에 비하여 어떻게 되는지 계산식을 이용하여 설명하시오.(단, 선간전압은 $E[V]$이며, 부하의 저항은 $R[\Omega]$이다) 기사 16-1(5점), 산기 15-1, 19-3, 22-3(5점)

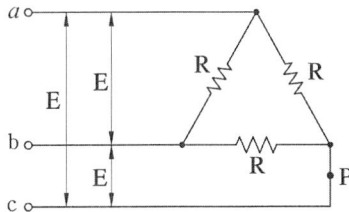

◦ 계산과정 : 단선 전 소비전력 $P_1 = 3\dfrac{V^2}{R}[W]$

단선 후 소비전력 $P_2 = \dfrac{V^2}{R} + \dfrac{V^2}{2R} = \dfrac{3}{2}\dfrac{V^2}{R}[W]$

단선 후의 소비전력의 비율 $\dfrac{P_2}{P_1} = \dfrac{\dfrac{3}{2}\dfrac{V^2}{R}}{3\dfrac{V^2}{R}} = \dfrac{1}{2}$

◦정답 : 단선 후 소비전력은 단선 전 소비전력보다 $\dfrac{1}{2}$배로 감소한다.

문제 26. 그림과 같이 3상 4선식 배전선로에 역률 100[%]인 부하 1-N, 2-N, 3-N이 각 상과 중성선간에 연결되어 있다. 1, 2, 3상에 흐르는 전류가 220[A], 172[A], 190[A] 일 때 중성선에 흐르는 전류를 계산하시오. 기사 13-1, 21-1, 23-1, 산기 08-1(5점)

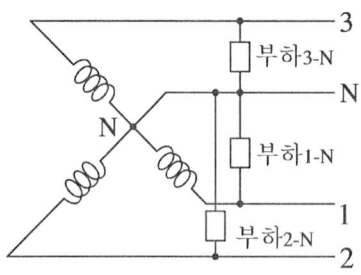

○ 계산 과정 : $I_N = \dot{I_a} + \dot{I_b} + \dot{I_c} = I_a + a^2 I_b + a I_c = 220 + 172\angle 240° + 190\angle 120°$

$= 220 - 86 - j148.96 - 95 + j164.54 = 39 + j15.59 [A]$

절대값 $I_N = \sqrt{39^2 + 15.59^2} = 42 [A]$

○ 정답 : $42[A]$

문제 27. 불평형 3상 전압이 각각 $V_a = 7.3\angle 12.5°[V]$, $V_b = 0.4\angle -100°[V]$, $V_c = 4.4\angle 154°[V]$ 일 때 대칭분 (영상분 $V_0[V]$, 정상분 $V_1[V]$, 역상분 $V_2[V]$)을 구하시오.
(단, 3상 전압의 상순은 $a-b-c$이다.) 기사 18-2, 22-1(6점)

○ 계산과정 : 불평형 성분
(1) 영상분 전압 ($V_0[V]$)

$V_0 = \frac{1}{3}(V_a + V_b + V_c) = \frac{1}{3}(7.3\angle 12.5° + 0.4\angle -100° + 4.4\angle 154°)$

$= 1.0343 + j1.0383 = 1.47\angle 45.11°[V]$

○ 정답 : $V_0 = 1.47\angle 45.11°[V]$

(2) 정상분 전압 ($V_1[V]$) $V_1 = \frac{1}{3}(V_a + aV_b + a^2 V_c)$

$V_1 = \frac{1}{3}\{7.3\angle 12.5° + (1\angle 120°)\times(0.4\angle -100°) + (1\angle 240°)\times(4.4\angle 154°)\}$

$\frac{1}{3}\{7.3\angle 12.5° + (0.4\angle 20°) + (4.4\angle 394°)\} = 3.7169 + j1.3924 = 3.97\angle 20.54°[V]$

○ 정답 : $V_1 = 3.97\angle 20.54°[V]$

(3) 역상분 전압 ($V_2[V]$) $V_2 = \frac{1}{3}(V_a + a^2 V_b + aV_c)$

$V_2 = \frac{1}{3}\{7.3\angle 12.5° + (1\angle 240°)\times(0.4\angle -100°) + (1\angle 120°)\times(4.4\angle 154°)\}$

$\frac{1}{3}\{7.3\angle 12.5° + (0.4\angle 140°) + 4.4\angle 274°\} = 2.3758 - j0.8507 = 2.52\angle(-19.70)°[V]$

○ 정답 : $V_2 = 2.52\angle(-19.70)°[V]$

문제 28. 상 순서가 $a-b-c$인 불평형 3상 교류회로에서 각 상의 전류가 $I_a = 7.28\angle 15.95°[A]$, $I_b = 12.81\angle -128.66°[A]$, $I_c = 7.21\angle 123.69°[A]$일 때 전류의 대칭분(영상분 $I_0[A]$, 정상분 $I_1[A]$

기사 22-2(6점)
역상분 I_2[A])을 구하시오.

(1) 영상분 전류 I_0[A]

○계산과정:영상분 전류 $I_0 = \frac{1}{3}(I_a + I_b + I_c)$

$= \frac{1}{3}(7.28 \angle 15.95° + 12.81 \angle -128.66° + 7.21 \angle 123.69°) = 1.80 \angle -158.17°$ [A]

○정답: $1.80 \angle -158.17°$ [A]

(2) 정상분 전류

○계산과정: $I_1 = \frac{1}{3}(I_a + aI_b + a^2 I_c)$

$= \frac{1}{3}\{7.28 \angle 15.95° + (1 \angle 120°) \times (12.81 \angle -128.66°) + (1 \angle -120°) \times (7.21 \angle 123.69°)\}$

$= \frac{1}{3}(7.28 \angle 15.95° + 12.81 \angle -8.66° + 7.21 \angle 3.69°) = 8.95 \angle 1.14°$ [A]

○정답 : $8.95 \angle 1.14°$ [A]

(2) 역상분 전류

○계산과정:$I_2 = \frac{1}{3}(I_a + a^2 I_b + aI_c)$

$= \frac{1}{3}\{7.28 \angle 15.95° + (1 \angle -120°) \times (12.81 \angle -128.66°) + (1 \angle 120°) \times (7.21 \angle 123.69°)\}$

$= \frac{1}{3}(7.28 \angle 15.95° + 12.81 \angle -248.66° + 7.21 \angle 243.69°) = 2.51 \angle 96.55°$ [A]

○정답:$2.51 \angle 96.55°$ [A]

문제 29. 3상 불평형 회로의 불평형 3상 전류가 각각 영상분 전류 $I_o = 1.8 \angle -159.17°$ [A], 정상분 전류 $I_1 = 8.95 \angle 1.14°$ [A], 역상분 전류 $I_2 = 2.5 \angle 96.55°$ [A]일 때 3상 전류 I_a, I_b, I_c를 구하시오. 기사 23-2(6점)

○계산 과정 :

$I_a = I_o + I_1 + I_2 = 1.8 \angle -159.17° + 8.95 \angle 1.14° + 2.5 \angle 96.55°$

$= 6.9807 + j2.0217 = 7.27 \angle 16.15°$ [A]

○정답 :$I_a = 7.27 \angle 16.15°$ [A]

$I_b = I_o + a^2 I_1 + aI_2 = 1.8 \angle -159.17° + 1 \angle (240°) \times (8.95 \angle 1.14°) + 1 \angle (120°) \times (2.5 \angle 96.55°)$

$= -8.0106 - j9.9673 = 12.79 \angle (-128.79)°$ [A]

○정답 : $I_b = 12.79 \angle (-128.79)°$ [A]

$I_c = I_o + aI_1 + a^2 I_2 = 1.8 \angle -159.17° + 1 \angle (120°) \times (8.95 \angle 1.14°) + 1 \angle (240°) \times (2.5 \angle 96.55°)$

$= -4.01715 + j6.0254 = 7.24 \angle (123.69)°$ [A]

○정답 : $I_c = 7.24 \angle (123.69)°$ [A]

문제 30. 배전선의 기본파 전압 실효값이 $V_1(V)$, 고조파 전압의 실효값이 $V_3(V)$, $V_5(V)$, $V_n(V)$이다. THD(Total harmonics distortion)의 정의와 계산식을 쓰시오. 기사 15-2(5점)

○ 정의: THD(Total Harmonics Distortion)는 송전선로에 비정현파가 발생한 경우 실효값에 대한 고조파의 비율(왜형률), 파형의 일그러진 정도

○ 계산식 : 왜형률 $= \dfrac{\text{전고조파 실효값의 합}}{\text{기본파실효값}} = \dfrac{\sqrt{V_3^2 + V_5^2 + V_n^2}}{V_1} \times 100\%$

문제 31. 3상 4선식 Y결선회로에서 상전압 $V_P = 150[V]$, 선간전압 $V_\ell = 220[V]$인 경우 다음 물음에 답하시오. (단, 고조파는 제3고조파이다.) 기사 17-1, 21-1, 24-2(5점)

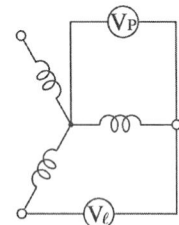

(1) 제3고조파 전압의 크기를 구하시오.

○ 계산과정 : 상전압 $V_P = \sqrt{V_1^2 + V_3^2}[V]$ ($V_1[V]$:기본파 상전압, $V_3[V]$:3고조파 상전압)

선간전압 $V_\ell = \sqrt{3}\, V_P = \sqrt{3}\, V_1[V]$이므로 $V_1 = \dfrac{V_\ell}{\sqrt{3}} = \dfrac{220}{\sqrt{3}} = 127.02[V]$

3고조파 전압 $V_3 = \sqrt{V_P^2 - V_1^2} = \sqrt{150^2 - 127.02^2} = 79.79[V]$

○ 정답 : 79.79[V]

(2) 왜형률을 구하시오.

○ 계산과정 : 왜형률 $= \dfrac{\text{고조파}}{\text{기본파}} = \dfrac{79.79}{127.02} \times 100 = 62.82[\%]$

○ 정답 : 62.82[%]

문제 32. 선간전압이 $200[V]$, 효율과 역률이 각각 $100[\%]$인 6펄스의 3상 무정전 전원장치(UPS)가 정격용량 $200[kVA]$에서 운전 중이다. 이때 제5고조파 저감계수(K_5)가 0.5인 경우 기본파와 제5고조파 전류[A]를 구하시오. 기사 21-3(5점)

(1) 기본파 전류

○ 계산과정 : 기본파 전류 $I_1 = \dfrac{200 \times 10^3}{\sqrt{3} \times 200} = 577.35[A]$ ○ 정답 : 577.35[A]

(2) 제5고조파 전류

○ 계산과정 : $I_5 = \dfrac{K_5 I_1}{5} = \dfrac{0.5 \times 577.35}{5} = 57.74[A]$ ○ 정답 : 57.74[A]

9. 리액터 종류와 리액터 용량 계산

문제 33. 선로나 간선에 고조파 전류를 발생시키는 발생 기기가 있을 경우 그 대책을 적절히 세워야 한다. 고조파 억제 대책을 5가지만 쓰시오. 기사 01-2, 02-3, 07-3, 14-2, 17-2(5~6점)
- 전력 변환 장치의 펄스(pulse) 수를 크게 한다.
- 고조파 필터를 사용하여 제거한다.
- 변압기에 △결선을 채용하여 고조파 순환전류를 흘려 정현파 전압을 유기한다.
- 전력용 콘덴서에는 직렬 리액터를 설치한다.
- 선로의 코로나 현상 방지를 위하여 복도체를 사용한다.

문제 34. 전력 계통에 이용되는 리액터에 대하여 그 설치 목적을 쓰시오. 기사 11-1, 22-3, 산기 01-3, 07-1, 09-2, 12-3, 15-2, 15-3, 17-2 (5~6점)

문제	
명 칭	설 치 목 적
직렬 리액터	
분로(병렬) 리액터	
소호 리액터	
한류 리액터	

정답	
명 칭	설 치 목 적
직렬 리액터	3상에서 제5고조파 제거하여 파형개선
분로(병렬) 리액터	수전단 전압상승을 방지하기 위하여 변전소 모선 등에서 부하와 병렬로 접속하여 90°뒤진 지상전류를 흘려줌으로써 수전단의 전압 상승 방지
소호 리액터	지락 사고 시 대지정전용량과 병렬 공진되는 유도성 리액터를 이용하여 중성점을 접지하여 지락사고시 아크 소호
한류 리액터	단락 사고 시 발생하는 단락전류의 크기 제한

문제 35. 그림과 같은 계통도에서 ①, ②, ③, ④의 명칭을 쓰고 그 역할을 간단히 설명하시오. 기사 00-1, 산기 06-3, 14-1, 25-1(6점)

계통도	정답
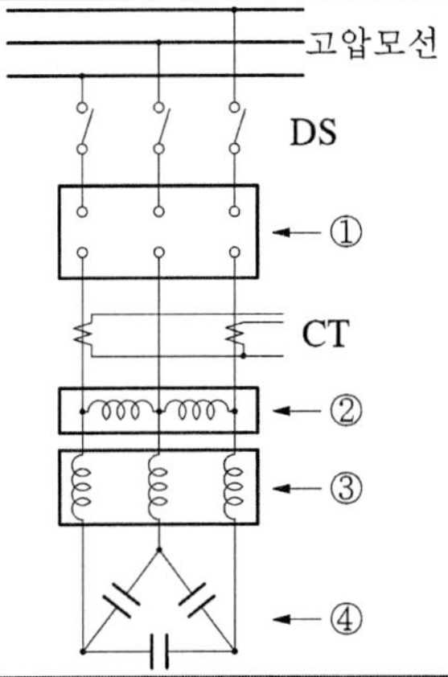 (그림: 고압모선, DS, ①, CT, ②, ③, ④)	① 교류 차단기 : 콘덴서 회로의 개폐 및 과전류, 지락전류 등의 차단 ② 방전 코일 : 콘덴서에 축적된 잔류전하를 방전하여 감전사고 방지 ③ 직렬리액터 : 제5고조파 제거에 의한 파형 개선 ④ 진상용(전력용) 콘덴서 : 역률개선

문제 36. 제5고조파 전류에 확대 방지 및 스위치 투입 시 돌입전류 억제 목적으로 역률개선용 콘덴서에 직렬리액터를 설치하고자 한다. 콘덴서 용량이 600[kVA]라고 할 때 다음 각 물음에 답하시오. 기사 12-3, 17-2, 산기 01-1, 02-3, 03-3, 07-2, 08-1, 10-2, 15-3, 16-2, 21-3(5~6점)

(1) 리액터용량은 콘덴서 용량의 몇[%] 이상으로 하는가? (단, 근거식을 써서 설명하시오.)

직렬공진 원리를 이용하면

$5\omega L = \dfrac{1}{5\omega C}$ 에서 $\omega L = \dfrac{1}{25} \cdot \dfrac{1}{\omega C} = 0.04 \dfrac{1}{\omega C}$ 이다.

○ 정답 : 4[%]이상

(2) 이론상 필요한 직렬 리액터 용량은 몇 [kVA]인가?

○ 계산과정 : $600 \times 0.04 = 24[\text{kVA}]$ ○ 정답 : 24[kVA]

(3) 실제 설치하는 직렬 리액터 용량은 몇 [kVA]인지 계산하고 그 이유를 간단히 쓰시오.

○ 계산과정 : $600 \times 0.06 = 36[\text{kVA}]$ ○ 정답 : 36[kVA]

○ 이유 : 주파수 변동 및 경제성을 고려하기 때문에 6[%]를 선정한다.

문제 37. 전선로에 제3고조파를 제거하기 위한 소호리액터 용량은 콘덴서 리액터의 몇 % 이상이어야 하는지 쓰시오.(단, 콘덴서 용량의 2%를 추가한다.) 기사 23-1(5점)

○ 계산과정 : 3고조파 직렬 공진 조건은 $3\omega L = \dfrac{1}{3\omega C} \rightarrow \omega L \geq \dfrac{1}{9}\dfrac{1}{\omega C}$ 이므로

$\dfrac{1}{9} \times 100 = 11.11\%$ 이고 2% 더 추가하여야 하므로 13.11%이다.

○ 정답 :13.11%

문제 38. 콘덴서 회로에 제 3고조파의 유입으로 인한 사고를 방지하기 위하여 콘덴서 용량의 13[%]인 직렬 리액터를 설치하고자 한다. 이 경우 투입시의 전류는 콘덴서의 정격전류(정상시 전류)의 몇 배의 전류가 흐르게 되는가? 기사 90, 05-1, 07-2, 16-2, 19-3(4점)

계산 : 콘덴서 투입시 돌입전류 $I = I_n\left(1 + \sqrt{\dfrac{X_C}{0.13 X_C}}\right) = 3.77 I_n$

정답 : 3.77배

문제 39. 제3고조파 유입으로 인한 사고를 방지하기 위하여 콘덴서 회로에 콘덴서 용량의 11[%]인 직렬 리액터를 설치하였다. 이 경우에 콘덴서의 정격전류가 15[A]라면 콘덴서 투입 시 전류는 몇 [A]가 되겠는가? 기사 90, 05-1, 07-2, 16-2, 19-3(4점)

○ 계산과정 :콘덴서 투입 시 발생 과도전류(돌입전류)

$I = I_C\left(1 + \sqrt{\dfrac{X_C}{X_L}}\right) = 15\left(1 + \sqrt{\dfrac{X_C}{0.11 X_C}}\right) = 60.23[\text{A}]$

○ 정답 : 60.23[A]

문제 40. 154[kV], 60[Hz], 선로 길이 200[km]인 3상 4선식 송전선에 설치한 소호리액터의 공진 탭의 용량은 몇 [kVA]인가? (단, 1선당 대지 정전용량은 $0.0043[\mu F/km]$ 이다.) 기사 08-2, 18-2(5점)

○계산과정 : $Q = 2\pi f C V^2 \ell [VA]$ 에서

$= 2\pi \times 60 \times 0.0043 \times 10^{-6} \times (154 \times 10^3)^2 \times 200 = 7689.02 \times 10^3 [VA]$

○정답 : 7689.02[kVA]

해설 : 소호리액터 용량 $Q = 3\omega C \times \ell \left(\dfrac{V}{\sqrt{3}}\right)^2 = 2\pi f C V^2 \ell [VA]$

10. 콘덴서 충전용량과 유도장해

문제 41. 중성점 직접 접지 계통에 인접한 통신선의 전자유도 장해 경감에 대한 대책을 설명하시오. 기사 14-2, 12-2, 17-3(6점)

(1) 근본 대책 :
통신선의 전자유도작용을 억제하기 위한 광케이블화한다.

(2) 전력선 측 대책(3가지) :
① 전력선과 통신선의 상호 이격거리를 증가시켜 상호인덕턴스의 발생을 억제시킨다.
② 중성점 접지저항을 크게 하여 기유도전류 발생을 억제한다.
③ 고장 지속 시간 단축을 위해 고속차단기를 채용한다.

(3) 통신선 측 대책(3가지) :
① 통신선 도중에 중계코일을 넣어 구간을 분할함으로써 병행 거리를 단축한다.
② 연피 통신 케이블을 사용하여 상호인덕턴스를 저감시킨다.
③ 통신선에 성능이 우수한 피뢰기를 설치한다.

[해설] 전자유도장해 : 3상 송전선로에서 각 상에 흐르고 있는 전류와 주위를 지나고 있는 통신선로 간에 존재하는 상호인덕턴스 M에 의하여 통신선로에 유도전압이 발생하는 현상

○ 전자유도전압 : $V_0 = \omega M \ell \times 3 I_0$

문제 42. 전압 33,000[V], 주파수 60[c/s], 선로길이 7[km] 1회선의 3상 지중 송전선로가 있다. 이의 3상 무부하 충전전류 및 충전용량을 구하시오. (단, 케이블의 1선당 작용 정전용량은 0.4[μF/km]라고 한다.) 기사 15-2, 19-1, 21-2, 22-1, 23-1(6점)

(1) 충전전류

○계산과정 : $I_c = 2\pi f C \dfrac{V}{\sqrt{3}} = 2\pi \times 60 \times 0.4 \times 10^{-6} \times 7 \times \dfrac{33000}{\sqrt{3}} = 20.11[A]$

○정답 : 20.11[A]

(2) 충전용량

○계산과정 : $Q = 2\pi f C V^2 = 2\pi \times 60 \times 0.4 \times 10^{-6} \times 7 \times 33000^2 = 1,149,521.32[VA]$

$= 1,149.52 \times 10^3 [VA] = 1,149.52[kVA]$

○정답 : 1,149.52[kVA]

문제 43. 3상 송전선의 각 선의 전류가 $I_a = 220 + j50$[A], $I_b = -150 - j300$[A], $I_c = -50 + j150$[A] 일 때 통신선에 유도되는 전자유도 전압의 크기는 몇 [V]인가? (단, 송전선과 통신선 사이 상호 임피던스 15[Ω]이다.) 산기 14-2, 21-2, 22-1(5점)

○ 계산과정 : 통신선 유도전압 $E_m = j\omega M \times (I_a + I_b + I_c)$

$E_m = j15 \times (220 + j50 - 150 - j300 - 50 + j150) = j15 \times (20 - j100)$[V]

$E_m = 15 \times \sqrt{20^2 + 100^2} = 1529.71$[V]

○ 정답 : 1529.71[V]

문제 44. 154[kV]의 송전선이 그림과 같이 연가되어 있을 경우 중성점과 대지 간에 나타나는 잔류전압을 구하시오.(단, 전선 1[km]당의 대지 정전용량은 맨 윗선 0.004[μF], 가운데선 0.0045[μF], 맨 아래선 0.005[μF]라고 하고 다른 선로정수는 무시한다.) 기사 14-1(5점)

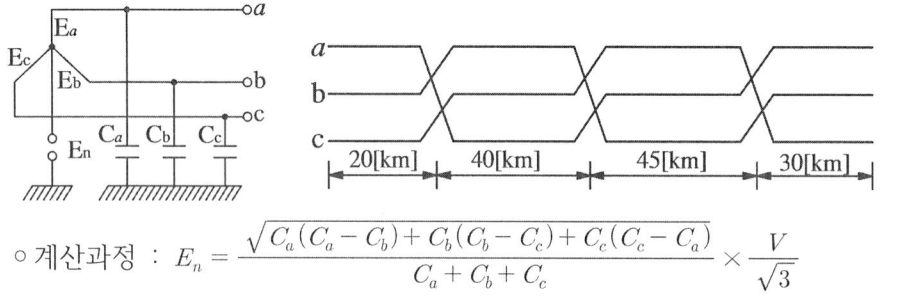

○ 계산과정 : $E_n = \dfrac{\sqrt{C_a(C_a - C_b) + C_b(C_b - C_c) + C_c(C_c - C_a)}}{C_a + C_b + C_c} \times \dfrac{V}{\sqrt{3}}$

$C_a = 0.004 \times 20 + 0.005 \times 40 + 0.0045 \times 45 + 0.004 \times 30 = 0.6025$[μF]

$C_b = 0.0045 \times 20 + 0.004 \times 40 + 0.005 \times 45 + 0.0045 \times 30 = 0.61$[μF]

$C_c = 0.005 \times 20 + 0.0045 \times 40 + 0.004 \times 45 + 0.005 \times 30 = 0.61$[μF]

$E_n = \dfrac{\sqrt{0.6025(0.6025 - 0.61) + 0.61(0.61 - 0.61) + 0.61(0.61 - 0.6025)}}{0.6025 + 0.61 + 0.61} \times \dfrac{154 \times 10^3}{\sqrt{3}} = 365.89$[V]

○ 정답 : 365.89[V]

11. 분류기, 배율기, 전력 계산

문제 45. 그림과 같은 회로에서 단자전압이 V_0 일 때 전압계의 눈금 V로 측정하기 위해서는 배율기의 저항 R_m은 얼마로 하여야 하는가? (단, 전압계의 내부저항은 R_v 로 한다.) 산기 07-2, 21-2, 21-3(5점)

○ 계산과정 : 전압계가 측정한 전압 $V = \dfrac{R_v}{R_m + R_v} V_0$[V]에서 $\dfrac{V_0}{V} = \dfrac{R_m + R_v}{R_v} = \dfrac{R_m}{R_v} + 1$ 이므로

○ 정답 : 배율기 저항 $R_m = \left(\dfrac{V_0}{V} - 1\right) \times R_v$[Ω]

문제 46. 다음 그림과 같은 회로에서 최대 눈금 15[A] 직류 전류계 2개를 접속하고 전류 20[A]를 흘리면 각 전류계 지시값은 몇 [A]를 지시하겠는가? 단, 전류계 최대 눈금의 전압강하는 A_1이 60[mV], A_2가 90[mV]임이다. 기사 07-1, 21-2(5점)

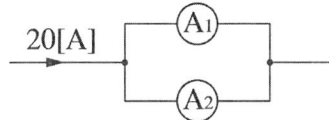

○ **계산과정** : 전류계 최대 눈금 전압강하란 전류계에 흘릴 수 있는 최대 전류인 15[A] 전류가 흐를 때 전류계 내부 저항으로 인해 발생하는 전압강하를 의미한다.

- 전류계 A_1 내부 저항 : $r_1 = \dfrac{e_1}{I_1} = \dfrac{60 \times 10^{-3}}{15} = 4 \times 10^{-3}[\Omega]$

- 전류계 A_2 내부 저항 : $r_2 = \dfrac{e_2}{I_2} = \dfrac{90 \times 10^{-3}}{15} = 6 \times 10^{-3}[\Omega]$

- 전류 분배 법칙에 따라 각 전류계에 흐르는 전류 A_1, A_2는 저항에 반비례 분배되므로

- $A_1 = \dfrac{r_2}{r_1 + r_2} \times I = \dfrac{6 \times 10^{-3}}{4 \times 10^{-3} + 6 \times 10^{-3}} \times 20 = 12[A]$

- $A_2 = I - A_1 = 20 - 12 = 8[A]$

- 정답 : $A_1 = 12[A]$, $A_2 = 8[A]$

문제 47. 측정범위 1[mA], 내부저항 20[kΩ]의 전류계에 분류기를 붙여서 6[mA]까지 측정하고자 한다. 몇 $[k\Omega]$의 분류기를 사용하여야 하는지 계산하시오. 기사 15-1, 22-1, 25-1, 산기 14-1, 23-2(4~5점)

○ **계산과정** : 배율 $m = \dfrac{6[mA]}{1[mA]} = 6$배

분류기의 저항 $R_s = \dfrac{r_a}{m-1} = \dfrac{20 \times 10^3}{6-1} = \dfrac{20}{5} \times 10^3 = 4000[\Omega] = 4[k\Omega]$

○ 정답 : $4[k\Omega]$

문제 48. 그림과 같이 전류계 A_1, A_2, A_3와 저항 $R = 25[\Omega]$을 접속하였을 때 전류계의 지시값이 $A_1 = 10[A]$, $A_2 = 4[A]$, $A_3 = 7[A]$이었다. 이때 부하에서 소비하는 전력[W]와 부하의 역률 [%]을 구하시오. 기사 07-2, 08-2, 10-1, 16-3, 22-2(4~5점)

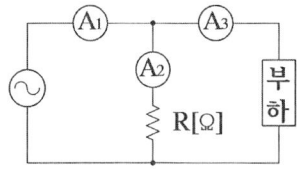

(1) 부하에서 소비되는 전력

○ 계산과정 : $P = \dfrac{R}{2}(A_1^2 - A_2^2 - A_3^2) = \dfrac{25}{2}(10^2 - 4^2 - 7^2) = 437.5[W]$

○ 정답 : $437.5[W]$

(2) 부하의 역률

  ○ 계산과정 : $\cos\theta = \dfrac{A_1^2 - A_2^2 - A_3^2}{2A_2A_3} = \dfrac{10^2 - 4^2 - 7^2}{2\times 4\times 7} \times 100 = 62.5[\%]$

  ○ 정답 : $62.5[\%]$

문제 49. 3상 전력을 측정하는데 전력계 P의 지시값이 $2[\text{kW}]$, 전압계 $V = 220[\text{V}]$, 전류계 $I = 20[\text{A}]$가 측정되었다고 한다. 다음 각 물음에 답하시오. 기사 23-2(5점)

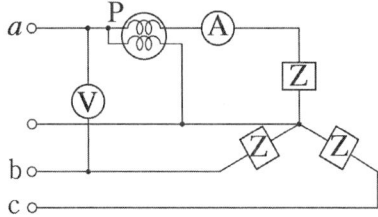

(1) 부하 Z의 소비전력은 얼마인지 쓰시오.

  ○ 단상전력계로 측정한 전력이 한상의 전력이므로 $P_1 = 2[\text{kW}]$

  ○ 3상 전체 부하 전력 $P = 3P_1 = 3\times 2 = 6[\text{kW}]$

(2) 부하 임피던스 Z을 복소수로 계산하시오.

3상 전력 $P_a = \sqrt{3}\,VI = 3I^2Z[\text{VA}]$이므로

임피던스 $Z = \dfrac{\sqrt{3}\,V}{3I} = \dfrac{\sqrt{3}\times 220}{3\times 20} = 6.3509[\Omega]$

3상 전력 $P = \sqrt{3}\,VI\cos\theta = 6[\text{kW}]$이므로

$\cos\theta = \dfrac{3P_1}{\sqrt{3}\,VI} = \dfrac{3\times 2\times 10^3}{\sqrt{3}\times 220\times 20} = 0.7873$

복소수 $\dot{Z} = 6.35\angle(\cos^{-1}0.7873) = 5 + j3.92[\Omega]$

문제 50. 그림과 같이 전압계, 전류계 및 전력계를 접속하였다. 그리고 각 계기의 지시가 각각 $V = 220[\text{V}]$, $I = 25[\text{A}]$, $W_1 = 5.6[\text{kW}]$, $W_2 = 2.4[\text{kW}]$이다. 이 부하에서 다음 각 물음에 답하시오. 기사 02-1, 06-1, 07-2, 08-3, 12-3, 15-1, 22-1, 22-3, 산기 00-2, 00-6, 07, 22-1, 22-2, 24-3(5~6점)

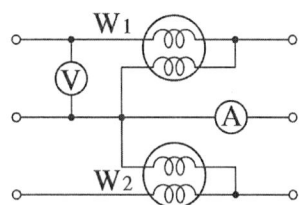

(1) 부하의 소비전력은 몇 [kW]인지 구하시오.

  ○ 계산과정 : 2전력계법에 의한 유효전력 $P = W_1 + W_2 = 5.6 + 2.4 = 8[\text{kW}]$

  ○ 정답 : $8[\text{kW}]$

(2) 부하의 역률은 몇 [%]인지 구하시오.

○ 계산과정 : 역률 $\cos\theta = \dfrac{P_1+P_2}{2\sqrt{P_1^{\,2}+P_2^{\,2}-P_1P_2}}$

$\cos\theta = \dfrac{5.6+2.8}{2\sqrt{5.6^2+2.4^2-5.6\times2.4}} \times 100 = 82.20[\%]$

○ 정답 : 82.20[%]

12. 전기기기 계산 문제

문제 51. 6극, 50[Hz]의 3상 권선형 유도 전동기의 전부하 회전수가 950[rpm], 회전자 1상의 저항이 $r[\Omega]$일 때 1차측 단자를 전환해서 공급전압의 상회전을 반대로 바꾸어 전기제동을 하는 경우, 이 제동토크를 전부하 토크와 같게 하기 위한 회전자의 삽입 저항 R은 회전자 1상의 저항 r의 몇배인지 구하시오. 산기 23-1(5점)

○ 계산과정 : 동기속도 $N_s = \dfrac{120f}{P} = \dfrac{120\times50}{6} = 1{,}000[\text{rpm}]$

슬립 $s = \dfrac{N_s - N}{N_s} = \dfrac{1000-950}{1000} = 0.05$

역상제동을 할 경우 슬립 $s' = \dfrac{N_s - (-N)}{N_s} = \dfrac{1000-(-950)}{1000} = 1.95$

$\dfrac{r}{s} = \dfrac{r+R}{s'}$ 이 성립하므로 $\dfrac{r}{0.05} = \dfrac{r+R}{1.95} = \dfrac{r}{1.95} + \dfrac{R}{1.95}$

$\dfrac{R}{1.95} = \dfrac{r}{0.05} - \dfrac{r}{1.95} = \left(\dfrac{1}{0.05} - \dfrac{1}{1.95}\right)\times r$

$R = 1.95 \times \left(\dfrac{1}{0.05} - \dfrac{1}{1.95}\right)\times r = 38r[\Omega]$ ○ 정답 : 38배

문제 52. 1차 및 2차 정격전압이 서로 같은 두 대의 단상변압기가 있다. A 변압기는 정격출력 20[kVA], %임피던스 4[%], B 변압기는 정격출력 75[kVA], %임피던스 5[%]이다. 이 두 변압기를 병렬로 접속하여 운전할 때 아래 질문에 답하시오. (단, 변압기 A, B의 저항 (R_a, R_b)와 저항 (X_a, X_b)의 비는 서로 같다. 즉, $\dfrac{X_a}{R_a} = \dfrac{X_b}{R_b}$ 이다.) 기사 22-3, 23-2, 23-3, 25-1(5점)

(1) 2차측 부하가 60[kVA]일 때 변압기 A, B가 분담하는 전력[kVA]를 구하시오.

계산과정 : $P_A : P_B = \dfrac{1}{Z_a} : \dfrac{1}{Z_b}$ 에서 $\dfrac{P_B}{P_A} = \dfrac{\%Z_a}{\%Z_b}$

정격이 모두 다르므로 용량을 150[kVA]로 기준을 정하면

P_A : 20[kVA], %임피던스 4[%] → 150[kVA], %임피던스 $7.5\times4 = 30[\%]$

P_B : 75[kVA], %임피던스 5[%] → 150[kVA], %임피던스 $2\times5 = 10[\%]$

$\dfrac{P_B}{P_A} = \dfrac{\%Z_a}{\%Z_b} = \dfrac{30}{10} = 3$ 이므로 $P_B = 3P_A$

2차측 부하 $P_A + P_B = 60[\text{kVA}] \rightarrow 3P_A + P_A = 4P_A = 60[\text{kVA}]$

$P_A = \dfrac{60}{4} = 15[\text{kVA}]$, $P_B = 3P_A = 3 \times 15 = 45[\text{kVA}]$

○ A가 분담하는 전력 15[kVA]   ○ B가 분담하는 전력 45[kVA]

(2) 2차측 부하가 120[kVA]일 때 변압기 A, B가 분담하는 전력[kVA]를 구하시오.

계산과정 : $P_A : P_B = \dfrac{1}{Z_a} : \dfrac{1}{Z_b}$에서 $\dfrac{P_B}{P_A} = \dfrac{\%Z_a}{\%Z_b}$

2차측 부하 $P_A + P_B = 120[\text{kVA}] \rightarrow 3P_A + P_A = 4P_A = 120[\text{kVA}]$

$P_A = \dfrac{120}{4} = 30[\text{kVA}]$, $P_B = 3P_A = 3 \times 30 = 90[\text{kVA}]$

○ A가 분담하는 전력 30[kVA]   ○ B가 분담하는 전력 90[kVA]

(3) 양 변압기가 과부하 운전하지 않는 조건에서 최대로 걸 수 있는 2차측 부하전력[kVA]를 구하시오.

A 변압기는 정격출력 20[kVA]이므로 과부하 운전하지 않는 조건은 용량이 작은 변압기 기준이므로 $P_A + P_B = 20 + 3 \times 20 = 80[\text{kVA}]$이다.

○ 정답 80[kVA]

문제 53. 어느 변압기의 2차 정격전압이 $2,300[\text{V}]$, 2차 정격전류가 $43.5[\text{A}]$, 2차측에서 본 합성 저항이 $0.66[\Omega]$, 무부하손이 $1,000[\text{W}]$이다. 전부하시 및 절반 부하시의 역률이 $100[\%]$ 및 $80[\%]$인 경우에 대한 이 변압기의 효율을 각각 구하시오. 기사 13-3, 22-2(6점)

(1) 전부하시

① 역률이 100[%]인 경우 변압기의 효율을 구하시오.

○ 계산과정 : 변압기 효율 $\eta = \dfrac{V_{2n}I_{2n}\cos\theta}{V_{2n}I_{2n}\cos\theta + P_i + P_c} \times 100[\%]$에서 동손 $P_c = I^2 R[\text{W}]$

$\eta = \dfrac{2,300 \times 43.5 \times 1}{2,300 \times 43.5 \times 1 + 1,000 + 43.5^2 \times 0.66} \times 100 = 97.8[\%]$

○ 정답 : 97.8[%]

② 역률이 80[%]인 경우 변압기의 효율을 구하시오.

○ 계산과정 : $\eta = \dfrac{2,300 \times 43.5 \times 0.8}{2,300 \times 43.5 \times 0.8 + 1,000 + 43.5^2 \times 0.66} \times 100 = 97.27[\%]$

○ 정답 : 97.27[%]

(2) 절반 부하시

① 역률이 100[%]인 경우 변압기의 효율을 구하시오.

○ 계산과정 : 절반 부분 부하

$\eta_{0.5} = \dfrac{0.5 \times V_{2n}I_{2n}\cos\theta}{0.5 \times V_{2n}I_{2n}\cos\theta + P_i + (0.5)^2 P_c} \times 100[\%]$

$= \dfrac{0.5 \times 2,300 \times 43.5 \times 1}{0.5 \times 2,300 \times 43.5 \times 1 + 1,000 + (0.5 \times 43.5)^2 \times 0.66} \times 100 = 97.44[\%]$

○ 정답 : 97.44[%]

문제 54. 500[kVA]의 변압기가 그림과 같은 부하로 운전되고 있다. 오전에는 역률 85[%]로 오후에는 100[%]로 운전된다고 할 때 (1) 전일효율은 몇[%]인지 구하고 변압기가 최대효율로 운전하기 위한 조건은 몇[%] 부하율일 때인가? (단, 변압기의 철손은 6[kW], 전부하시 동손은 10[kW]라고 한다. 기사 00-1, 01, 02-2, 17-3, 산기 04-1, 12-1, 14-1, 17-2, 17-3, 20-4, 23-2(4~6점)

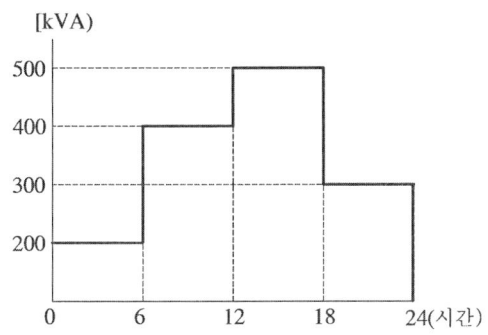

(1) 전일효율

○ 계산과정

- 전일 출력 $P = (200 \times 0.85 \times 6) + (400 \times 0.85 \times 6) + (500 \times 1 \times 6) + (300 \times 1 \times 6) = 7860\,[\text{kWh}]$
- 전일 철손 : $P_i = 6 \times 24 = 144\,[\text{kWh}]$
- 전일 동손 : $P_c = 10[\text{kW}] \times 6[\text{h}] \times \left\{ \left(\dfrac{200}{500}\right)^2 + \left(\dfrac{400}{500}\right)^2 + \left(\dfrac{500}{500}\right)^2 + \left(\dfrac{300}{500}\right)^2 \right\} = 129.6\,[\text{kWh}]$

○ 전일효율 : $\eta = \dfrac{7860}{7860 + 129.6 + 144} \times 100 = 96.64\,[\%]$

○ **정답** : 96.64[%]

(2) 최대효율 운전조건 부하율 $\dfrac{1}{m} = \sqrt{\dfrac{P_i}{P_c}} = \sqrt{\dfrac{6}{10}} \times 100 = 77.46\,[\%]$

[해설]변압기의 효율

(1) 전부하 시 변압기 효율 $\eta = \dfrac{\text{출력}}{\text{출력} + \text{무부하손(철손)} + \text{부하손(동손)}} \times 100$

(2) 최대효율로 운전하기 위한 부하율 $\dfrac{1}{m} = \sqrt{\dfrac{P_i(\text{철손})}{P_c(\text{동손})}} \times 100\,[\%]$

13. 지중전선로

문제 55. 지중 전선로를 가공 전선로와 비교하여 장점과 단점을 각각 3가지 이상 쓰시오. 기사 95, 00-6, 02-1, 04-2, 18-3, 19-3 (6점)

장점	단점
○ 도시의 미관상 좋다.	○ 공사비와 시설비가 비싸다.
○ 기상조건에 대한 영향이 거의 없다.	○ 고장 검출이 어렵다.
○ 통신선에 대한 유도장해가 적다.	○ 신규용량증설이 어렵다.
○ 전선로 통과지(경과지)의 확보 용이	○ 유지 보수가 어렵다.

문제 56. 다음 (   )안에 알맞은 말을 쓰시오. 기사 13-3, 23-1, 24-3, 산기 18-1, 21-1(5점)

(1) 지중 전선로는 전선에 케이블을 사용하고 또한 (①), 암거식, (②)에 의하여 시설하여야 한다.

(2) (①)에 의해 시설하는 경우에는 매설깊이를 (③)[m]이상으로 하되, 매설깊이가 충분하지 못한 장소는 견고하고 차량 기타 중량물의 압력을 견디는 것을 사용할 것. 단, 중량물의 압력을 받을 우려가 없는 곳은 매설깊이를 0.6[m] 이상으로 한다.

[정답]

①	②	③
관로식	직접매설식	1.0

[해설]직접매설식과 관로식 매설깊이

○ 차량이나 기타 중량물의 압력받는 장소 : 1.0[m]
○ 직접 매설식 : 기타장소(견고한 트라프 기타 방호물에 넣어 시설) : 0.6[m]
○ 관로식 : 매설깊이가 충분하지 못한 장소는 견고하고 차량 기타 중량물의 압력을 견디는 것을 사용할 것.(단, 중량물 압력을 받을 우려가 없는 곳은 0.6[m]깊이에 매설할 것)

문제 57. 지중전선로의 지중함 설치 시 지중함의 시설기준을 3가지만 쓰시오. 산기 15-3(5점)

○ 견고하고 차량 기타 중량물의 압력에 견디는 구조일 것.
○ 폭발성 또는 연소성의 가스가 침입할 우려가 있는 것에 시설하는 지중함으로서 그 크기가 $1[m^3]$ 이상인 것에는 통풍장치 기타 가스를 방산시키기 위한 적당한 장치를 시설할 것.
○ 지중함 안의 고인 물을 제거할 수 있는 구조로 되어 있을 것.

제2장. 전력설비 기출문제

1. 전력퓨즈

문제 1. 전력퓨즈(Power Fuse)는 6.6[kV] 이상 고압 및 특고압 기기에서 발생하는 단락전류 차단을 목적으로 사용되며, 소호 방식에 따라 한류형(PF)과 비한류형(COS)이 있다. 다음 물음에 답하시오. 기사 97, 98, 00-3, 02-1, 03, 06, 16-2, 18-1, 산기 00-4, 02-3, 06-3, 09-2, 09-3, 12-3, 13-1, 18-3, 19-3(6~15점)

(1) 다른 개폐기와 비교한 전력퓨즈의 장점과 단점을 각각 3가지씩만 쓰시오. (단, 가격이나 크기, 무게 같은 기술 외적인 사항은 제외한다.) 기사 20-1, 24-3(4점)

장점	단점
차단 용량이 크며 고속 차단 가능	동작후 재투입 불가능(가장 큰 단점)
계전기나 변성기 불필요	동작 시간-전류 특성 조정 불가능
한류형: 차단 시 무소음, 무방출 특성	한류형 차단 시 과전압 발생
후비보호 완벽	

(2) 전력퓨즈의 단점을 보완할 수 있는 그 대책에 대해 3가지만 쓰시오.
  ○ 용도의 한정 : 단락 시에만 동작하는 정격전류 선정 및 재투입을 요하는 곳에서의 사용 불가
  ○ 절연강도 협조 : 계통의 절연강도를 전력퓨즈 용단 시 발생하는 과전압보다 높게 설정
  ○ 결상계전기를 설치하여 한 상 전력퓨즈 용단 시 전체 3상을 개방할 수 있도록 할 것
  ○ 과도전류가 안전 통전특성 내에 들어가도록 정격전류를 선정할 것

(3) 주어진 표는 개폐장치(기구)의 동작 가능한 곳에 ○표를 한 것이다.
    ① ~ ③ 은 어떤 개폐 장치이겠는가?

능력\기능	회로 분리		사고 차단	
	무부하	부하	과부하	단락
퓨 즈	○			○
①	○	○	○	○
②	○	○	○	
③	○			

정답		
①	②	③
차단기	개폐기	단로기

문제 2. 고압 수용가의 큐비클식 수전설비의 주차단기의 종류에 따른 분류 3가지만 쓰시오. 산기 01-1, 02-3, 04-1, 19-1(5점)
  ○ 정답 : CB형 큐비클, PF·CB형 큐비클, PF·S형 큐비클

[해설] 큐비클(폐쇄식 배전반) : 배전반과 보안 개폐장치 등을 조합하여 금속제의 함 내에 넣은 단위 폐쇄형의 수전 장치

종류	주 차단기 사용
CB형	차단기(CB) 사용
PF·S형	전력 퓨즈+고압용 개폐기 사용
PF·CB형	전력 퓨즈(PF)+차단기(CB) 사용

문제 3. 퓨즈 정격사항에 대하여 주어진 표의 빈 칸에 쓰시오. 기사 09-3, 20-2(5점)

계통전압[kV]	퓨즈 정격[kV]	
	퓨즈 정격전압	최대 설계전압
6.6	①	8.25
13.2	15	②
22, 22.9	③	25.8
66	69	④
154	⑤	169

정답란				
①	②	③	④	⑤
6.9 또는 7.5	15.5	23	72.5	161

2. PT결선, CT 결선, GPT결선

문제 4. 22.9kV-Y 수전설비의 부하 전류가 40A이다. 변류기(CT)는 60/5[A]의 2차측에 과전류계전기를 시설하여 120[%]의 과부하에서 부하를 차단시키고자 한다. 과전류 계전기의 전류 탭 설정값을 구하시오. 산기 12-1, 13-3, 16-1, 22-1(5점)

○ 계산과정 : $I = 40 \times \dfrac{5}{60} \times 1.2 = 4[A]$

○ 정답 : 4[A]

[해설] 과전류계전기의 전류 탭 선정

① 과전류계전기의 전류탭 선정 = 전부하전류 $\times \dfrac{1}{\text{변류비}} \times$ 탭설정값(최소동작전류 설정 배수)

② OCR의 동작 탭 : 2, 3, 4, 5, 6, 7, 8, 10, 12[A]

문제 5. 평형 3상 회로에 변류비 100/5인 변류기 2개를 그림과 같이 접속하였을 때 전류계에 3[A]의 전류가 흘렀다. 1차 전류의 크기는 몇 [A] 인가? 기사 07-1, 17-3, 23-1, 24-3, 산기 07-2, 20-3(5점)

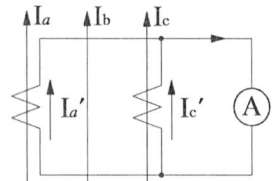

전류계 눈금 $I = I_a' = I_c' = 3[A]$

1차 전류 $I_a = aI_a' = \dfrac{100}{5} \times 3 = 60[A]$ ○정답 : 60[A]

[해설] CT 결선법에 따른 1차 전류 계산식 (변류비 $a = $ 대전류/5)

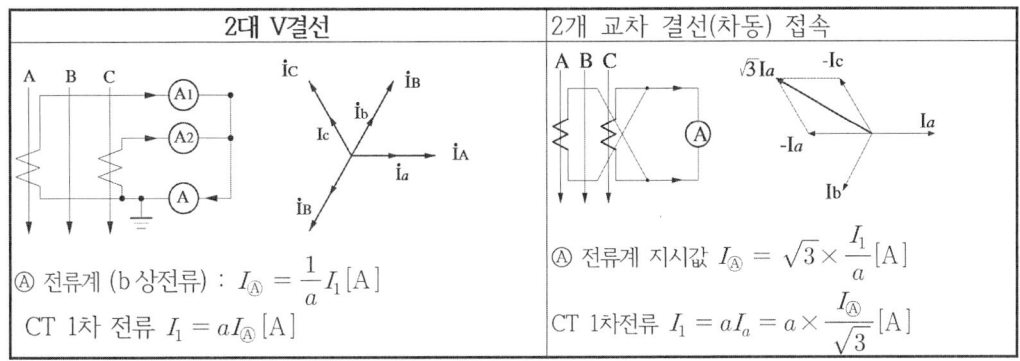

문제 6. 변류비 150/5 인 변류기 2대를 그림과 같이 접속하였을 때, 전류계에 2.5[A]의 전류가 흘렀다. 1차 전류를 구하시오. 기사 07-2, 23-2, 산기 04, 11-1, 14-3, 17-1, 23-2(5점)

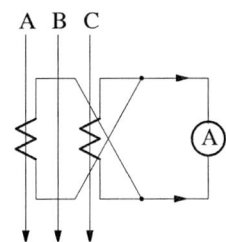

○계산과정 : 전류계 지시 값 $I_A = \dfrac{I_1}{a} \times \sqrt{3} [A]$

CT 1차 측 전류 : $I_1 = 2.5 \times \dfrac{150}{5} \times \dfrac{1}{\sqrt{3}} = 43.3 [A]$

○정답 : 43.3[A]

문제 7. 3상 3선식 특고압의 수전설비에서 CT 2대를 V결선하여 OCR 3대를 그림과 같이 연결하여 사용할 경우 다음 각 물음에 답하시오. 기사 93, 17, 22-2, 25-1, 산기 00-6, 03-2, 05-2, 06-2, 09-3, 15-2, 21-2, 23-1, 24-2(8점)

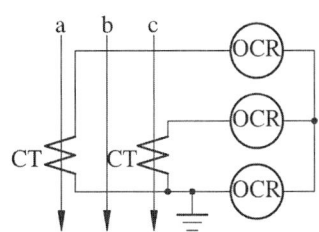

(1) 도면에서 사용된 CT의 변류비가 $\dfrac{30}{5}$이고 변류기 2차 측 전류를 측정하니 3[A]전류가 흘렀다면 수전전력은 몇 [kW]인가? (단, 수전전압은 22900[V]이고 역률은 90[%]이다.)

○계산과정 : $P = \sqrt{3} \times 22.9 \times 3 \times \dfrac{30}{5} \times 0.9 = 642.56 [kW]$ ○정답 : 642.56[kW]

(2) OCR은 주로 어떤 사고가 발생하였을 때 동작하는가?

○정답 : 단락 사고

(3) 통전 중에 있는 변류기 2차 측 기기를 교체하고자 할 때 가장 먼저 취하여야 할 조치는 무엇인지를 설명하시오.

○정답 : 2차 측 단락

문제 8. 계기용 변류기(CT)를 선정할 때 열적 과전류강도와 기계적 과전류 강도를 고려하여야 한다. 이때 열적 과전류강도와 기계적 과전류 강도의 관계식을 쓰시오. 기사 20-1(6점)
(1) 열적 과전류강도 관계식
(단, S_n : 정격과전류강도(kA), 통전시간 t초에 대한 열적 과전류강도, t : 통전시간(sec))

○정답 : 열적 과전류강도 $S = \dfrac{S_n}{\sqrt{t}}$

(2) 기계적 과전류 강도

○정답 : 기계적 과전류 강도 $= 2.5 \dfrac{S_n}{\sqrt{t}}$

문제 9. 3상 단락전류가 8[kA]인 계통에서 차단기 동작시간이 0.2초, 변류기의 변류비를 50/5로 사용하는 경우 열적 과전류 강도의 정격(표준)를 선정하시오.
(단, 열적 과전류 강도는 40배, 75배, 150배, 300배에서 선정한다.) 기사 21-3(5점)

○계산과정 : 열적 과전류강도 $S = \dfrac{S_n}{\sqrt{t}}[kA]$ ($S_n[kA]$ 정격 과전류 강도(열적 과전류강도의 정격), $t[sec]$는 통전 시간)

열적 과전류강도 $S = \dfrac{고장전류(단락전류)}{1차정격전류} = \dfrac{8000}{50} = 160$ 이므로

열적 과전류 강도 정격(표준) $S_n = S\sqrt{t} = 160 \times \sqrt{0.2} = 71.55$

○정답 : 75배

문제 10. 6,000[V], 3상 전기설비에 변압비 30인 계기용 변압기(PT)를 그림과 같이 잘못 접속하였다. 각 전압계 V_1, V_2, V_3에 나타나는 단자전압(V)을 구하시오. 기사 15-3 (6점)

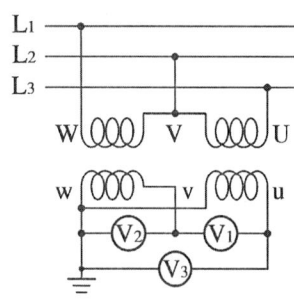

(1) V_1의 지시값 $V_1 = \sqrt{3} \times \dfrac{V_h}{a} = \sqrt{3} \times \dfrac{6000}{30} = 200\sqrt{3} = 346.41[V]$

○정답 : 346.41[V]

(2) V_2의 지시값 $V_2 = \dfrac{V_h}{a} = \dfrac{6000}{30} = 200[V]$

○ 정답 : 200[V]

(3) V_3의 지시값 $V_3 = \dfrac{V_h}{a} = \dfrac{6000}{30} = 200[V]$

○ 정답 : 200[V]

문제 11. 어떤 전기 설비에서 6,600[V]의 고압 3상 회로에 변압비 33의 계기용 변압기 2대를 그림과 같이 설치하였다. 전압계 V_1, V_2, V_3의 지시값을 각각 구하여라. 기사 02-1, 10-2, 15-3, 22-1 (6점)

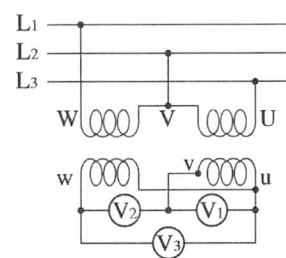

(1) $V_1 = \dfrac{6600}{33} = 200[V]$ ○ **정답** 200[V]

(2) $V_2 = \dfrac{6600}{33} \times \sqrt{3} = 346.41[V]$ ○ 정답 : 346.41[V]

(3) $V_3 = \dfrac{6600}{33} = 200[V]$ ○ **정답** 200[V]

문제 12. 다음은 계기용 변압기(PT)의 결선에 대한 그림이다. 다음 각 물음에 답하시오..(단, 1차측 선간전압은 380[V]이며, 각 PT비는 $380/110[V]$이다.) 기사 22-1(6점)

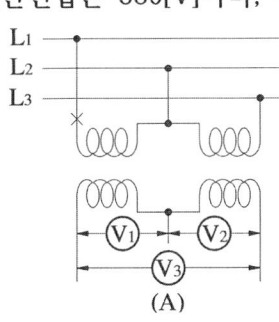 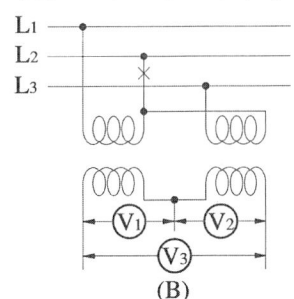

(A) (B)

(1) 그림 (A)의 ×점에서 단선이 발생한 경우 전압계 V_1, V_2, V_3의 지시값을 구하시오.

전압계 지시 V_1측은 1차측에서 단선되었으므로 $V_1 = 0[V]$

$V_2 = V_3 = \dfrac{110}{380} \times 380 = 110[V]$ $V_3 = 110[V]$

(2) 그림 (B)의 ×점에서 단선이 발생한 경우 전압계 V_1, V_2, V_3의 지시값을 구하시오.

×점에서 단선이 발생하면 1차측 전압 $E_1 = 190[V]$, E_2는 전류방향이 반대로 흐르는 $190[V]$가 된다.

그러므로 전압계 지시 $V_1 = \dfrac{110}{380} \times 190 = 55[V]$, $V_2 = \dfrac{110}{380} \times 190 = 55[V]$

$V_3 = V_1 + (-V_2) = 55 - 55 = 0[V]$

○ **정답** : $V_1 = 55[V]$, $V_2 = 55[V]$, $V_3 = 0[V]$

문제 13. 비접지 선로의 접지전압을 검출하기 위하여 그림과 같은 Y-Y-개방 △ 결선을 한 GPT가 있다. 기사 00-1, 03-1, 12-3, 17-3, 산기 12-2 (6~10점)

(1) Aϕ 고장시(완전지락시) 2차 접지표시등 L1, L2, L3의 점멸 상태와 밝기를 비교하시오.

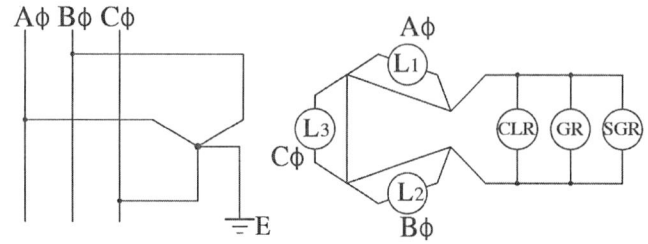

정답		
L1	L2	L3
소등	점등(지락 전보다 더 밝아짐)	점등(지락 전보다 더 밝아짐)

(2) 1선 지락사고시 건전상의 대지 전위의 변화를 간단히 설명하시오.
정답 : 1선 지락 사고시에는 대지전위는 $\sqrt{3}$배로 증가한다.

(3) CLR, GR, SGR의 우리말 명칭을 간단히 쓰시오.

정답		
CLR	GR	SGR
전류제한 저항기	지락 계전기	선택 지락 계전기

문제 14. 고압 선로에서의 접지사고 검출 및 경보장치를 그림과 같이 시설하였다. A선에 누전이 발생하였을 때 다음 각 물음에 답하시오. (단, 전원이 인가되고 경보벨의 스위치는 닫혀있는 상태라고 한다.) 기사 04-2, 08-1, 20-2, 22-3(5~6점)

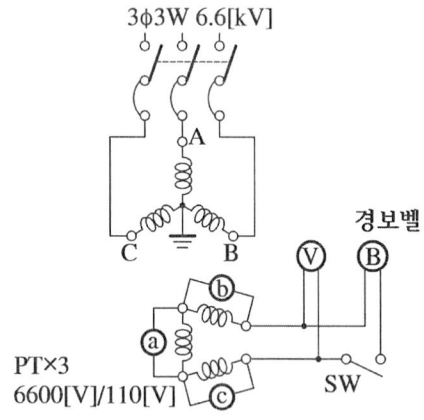

(1) 1차 측 A선의 대지 전압이 0[V]인 경우 B선 및 C선의 대지 전압은 각각 몇 [V] 인가?

① B선의 대지전압 $\frac{6,600}{\sqrt{3}} \times \sqrt{3} = 6,600[V]$ ㅇ 정답 : 6,600[V]

② C선의 대지전압 $\frac{6,600}{\sqrt{3}} \times \sqrt{3} = 6,600[V]$ ㅇ 정답 : 6,600[V]

(2) 2차 측 전구 ⓐ의 전압이 0[V]인 경우 ⓑ 및 ⓒ 전구의 전압과 전압계 Ⓥ의 지시전압, 경보벨 Ⓑ에 걸리는 전압은 각각 몇 [V]인가?

① ⓑ 전구의 전압 $6,600 \times \dfrac{110}{6,600} = 110[V]$ ㅇ정답 : 110[V]

② ⓒ 전구의 전압 $6,600 \times \dfrac{110}{6,600} = 110[V]$ ㅇ정답 : 110[V]

③ 전압계 Ⓥ의 지시전압 $110 \times \sqrt{3} = 190.53[V]$ ㅇ정답 : 190.53[V]

④ 경보 벨 Ⓑ에 걸리는 전압 $110 \times \sqrt{3} = 190.53[V]$ ㅇ정답 : 190.53[V]

해설

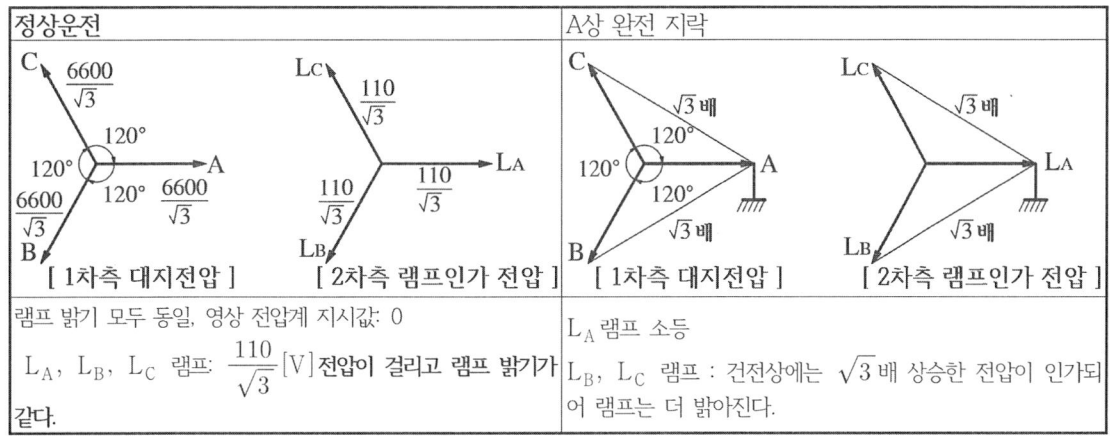

정상운전	A상 완전 지락
[1차측 대지전압] [2차측 램프인가 전압]	[1차측 대지전압] [2차측 램프인가 전압]
램프 밝기 모두 동일, 영상 전압계 지시값 : 0 L_A, L_B, L_C 램프: $\dfrac{110}{\sqrt{3}}$[V]전압이 걸리고 램프 밝기가 같다.	L_A 램프 소등 L_B, L_C 램프 : 건전상에는 $\sqrt{3}$ 배 상승한 전압이 인가되어 램프는 더 밝아진다.

3. 변압기 결선

문제 15. 도면과 같이 단상 변압기 3대가 있다. 이 단상 변압기 3대를 △-△결선하고 이 결선방식의 장점과 단점을 3가지씩 설명하시오. 기사 04-2, 07-3, 산기 02-3, 03-2, 12-1, 14-1, 14-2, 15-2 (6~9점)

ㅇ결선도

문제	정답
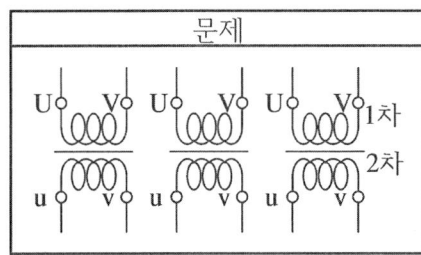	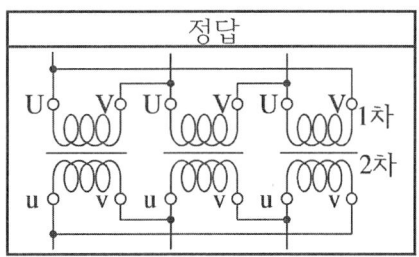

ㅇ장점과 단점

장점	단점
ㅇ 제3고조파 전류가 △결선 외부에 흐르지 않으므로 기전력의 왜곡 및 통신장애 발생이 없다. ㅇ 변압기 1대 고장시 2대로 V결선하여 계속적인 3상 전력 공급 가능 ㅇ 선전류가 상전류의 $\sqrt{3}$배이므로 대전류 부하에 적합	ㅇ 중성점 접지 불가능하므로 지락사고의 검출이 어렵다. ㅇ이상전압 크기가 아주 크다. ㅇ 각 변압기의 권수비가 다를 경우 무부하시 순환전류가 흐른다.

문제 16. △-△결선으로 운전하던 중 한 상의 변압기(T1)에 고장이 생겨 이것을 분리하고 나머지 2대로 3상 전력을 공급하고자 한다. 이때 사용하는 결선의 명칭은 무엇이며, △ 결선에 대한 이 결선의 이용률과 출력비는 몇 %가 되는지 계산하고 결선도를 완성하시오. 기사 23-3, 산기 08-1, 08-3, 11-3, 12-1, 12-3, 15-2, 16-1, 22-2(6점)

① 결선의 명칭 : V-V 결선

② 이용률과 출력비
ㅇ이용률 $= \dfrac{\sqrt{3}}{2} \times 100 = 86.60\%$ ㅇ출력비 $= \dfrac{\sqrt{3}}{3} \times 100 = 57.74\%$

③ 결선도(T1 변압기 고장 시)

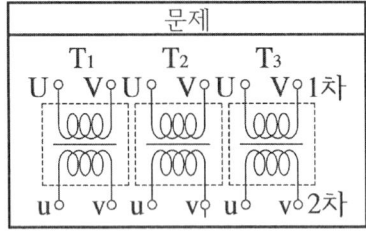
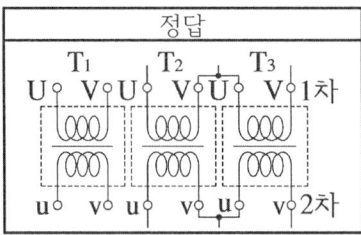

문제 17. 단상 변압기 3대를 이용하여 1차측 △결선, 2차측 Y 결선을 답안지에 그리고, 이 결선의 장점과 단점을 2가지씩만 쓰도록 하시오. 기사 00-4, 14-2, 15-1, 산기 00, 18-1, 22-3(5~9점)

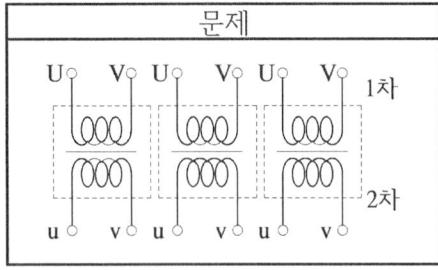
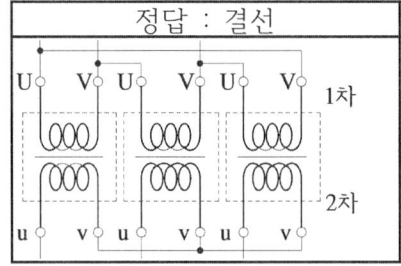

ㅇ장점과 단점

장점	단점
ㅇ 제3고조파의 장해가 적고 기전력의 파형이 왜곡되지 않는다. ㅇY결선으로 중성점 접지가 가능하다.	ㅇ 1차와 2차 선간 전압 사이에 30°의 위상차가 있다. ㅇ 1상에 고장이 생기면 전원 공급이 불가능하다.

문제 18. 22.9[kV] 중성선 다중 접지 전선로에 정격전압 13.2[kV], 정격용량 250[kVA]의 단상변압기 3대를 이용하여 그림과 같이 Y-△결선을 하고자 한다. 다음 각 물음에 답하시오. 기사 14-2, 23-3(6점)

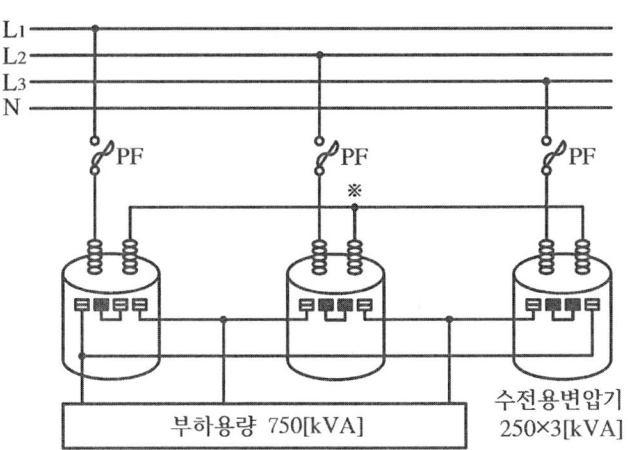

부하용량 750[kVA] 　　수전용변압기 250×3[kVA]

(1) 변압기 1차측 Y결선의 중성점(※ 부분)을 전선로의 N선에 연결하여야 하는지 여부와 그 이유를 작성하시오.

○ 연결 여부 : 연결하면 안된다.

○ 이유: 만약 한상이 결상시 나머지 2대의 변압기가 역V결선되므로 과부하로 인하여 변압기가 소손될 우려가 있다.

(2) PF에 끼워 넣을 퓨즈 링크는 몇 [A]의 것을 산정하는 것이 좋은지, 계산 과정을 쓰고, 아래 예시에서 퓨즈용량을 선정하시오. (단, 과전류 차단기 정격은 전부하 전류의 1.25배로 계산한다.)

퓨즈 용량 [A]											
1	3	5	10	15	20	30	40	50	60	75	100

○ 계산과정 : 퓨즈 용량 $I = \dfrac{750}{\sqrt{3} \times 22.9} \times 1.25 = 23.64 [A]$

○ 정답 : 30[A]

4. 역률개선용 콘덴서 용량

문제 19. 부하의 역률 개선에 대한 다음 각 물음에 답하시오. 기사 01-2, 02-3, 19-1(6점)

(1) 역률을 개선하는 원리를 간단히 설명하시오.

○ 역률 개선의 원리는 90° 뒤진 지상전류에 의한 무효전력을 90° 앞선 진상전류에 의한 무효전력을 감소시키는 것

(2) 역률 개선후 장점을 3가지만 쓰시오. 기사 19-1, 산기 15-2, 23-1(4~6점)

○ 전력손실 감소
○ 전압강하 감소
○ 전기설비용량(변압기용량)의 여유도 증가

문제 20. 정격용량 200[kVA]인 변압기에서 지상 역률 60[%]인 부하에 200[kVA]를 공급하고 있다. 역률 90[%]로 개선하여 변압기 전용량까지 부하에 전력을 공급하고자 한다. 역률을 90[%]로 개선하는데 필요한 콘덴서 용량(Q_c)는 몇 [kVA]인가? 기사 08-1, 13-1, 19-1, 산기 08-1, 12-2, 13-2(5점)

- $\cos\theta = 0.6$인 경우 무효전력 $P_{r1} = P_a \sin\theta_1 = 200 \times 0.8 = 160[\text{kVar}]$
- $\cos\theta = 0.9$인 경우 무효전력 $P_{r2} = P_a \sin\theta_2 = 200 \times \sqrt{1-0.9^2} = 87.18[\text{kVar}]$
- 콘덴서 용량 $Q_c = 160 - 87.18 = 72.82[\text{kVA}]$
○ 정답 : 72.82[kVA]

[해설] 역률 개선 전·후 전력 변환 관계

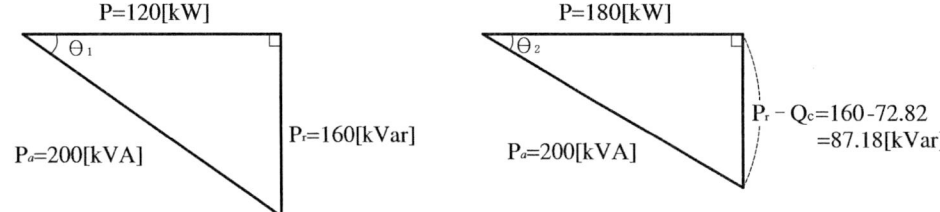

문제 21. 정격 용량 300[kVA]인 변압기에서 지상 역률 70[%]의 부하에 300[kVA]를 공급하고 있다. 역률 95[%]로 개선하여 변압기의 전용량까지 부하에 공급하고자 할 때 유효전력의 증설가능한 부하는 몇 [kW]인지 구하시오. 기사 08-1, 14-2, 22-2, 25-1, 산기 08-2, 15-1, 15-3, 20-3, 22-2, 23-1, 25-1(5점)

○ 계산과정 : 증설가능한 부하 $\Delta P[\text{kW}]$라 하면
$\Delta P = P_a(\cos\theta_2 - \cos\theta_1) = 300 \times (0.95 - 0.7) = 75[\text{kW}]$
○ 정답 75[kW]

문제 22. 정격용량 500[kVA] 변압기에서 배전선의 전력손실을 40[kW]로 유지하면서 부하 L_1, L_2에 전력을 공급하고 있다. 지금 그림과 같이 전력용 콘덴서를 기존 부하와 병렬로 연결하여 합성 역률을 90[%]로 개선하고 새로운 부하를 증설하려고 할 때 다음 물음에 답하시오. (단, 여기서 부하 L_1은 역률 60[%], 180[kW]이고, 부하 L_2의 전력은 120[kW], 160[kVar]이다.) 기사 07-2, 산기 07-1, 08-2, 11-3, 15-1, 15-3, 20-3, 21-2(8점)

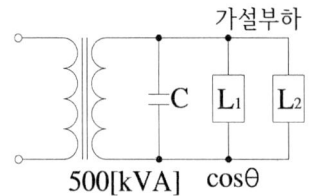

(1) 부하 L_1와 L_2의 합성 용량 [kVA]과 합성 역률[%]을 구하시오.
① 합성 용량
○ 계산과정 : 유효전력 $P = P_1 + P_2 = 180 + 120 = 300[\text{kW}]$

무효전력 $P_r = P_{r1} + P_{r2} = \dfrac{P_1}{\cos\theta_1} \times \sin\theta_1 + P_{r2} = \dfrac{180}{0.6} \times 0.8 + 160 = 400[\text{kVar}]$

합성용량 $P_a = \sqrt{P^2 + P_r^2} = \sqrt{300^2 + 400^2} = 500[\text{kVA}]$

② 합성 역률 : $\cos\theta = \dfrac{P}{P_a} = \dfrac{300}{500} \times 100 = 60[\%]$

○ 정답 : 합성용량 500[kVA], 합성역률 : 60[%]

(2) 합성 역률을 90[%]로 개선하는데 필요한 콘덴서 용량(Q_c)는 몇 [kVA]인지 계산하시오.

○ 계산과정 : $Q_c = P(\tan\theta_1 - \tan\theta_2) = 300\left(\dfrac{0.8}{0.6} - \dfrac{\sqrt{1-0.9^2}}{0.9}\right) = 254.7[\text{kVA}]$

○ 정답 : 254.7[kVA]

(3) 역률 개선 시 배전의 전력손실은 몇 [kW] 인지 구하시오.

○ 계산과정 : $P_\ell \propto \dfrac{1}{\cos^2\theta}$ 이므로 $40 : P_\ell' = \dfrac{1}{0.6^2} : \dfrac{1}{0.9^2}$

$P_\ell' = \left(\dfrac{0.6}{0.9}\right)^2 \times 40 = 17.78[\text{kW}]$

○ 정답 : 17.78[kW]

(4) 역률 개선 시 변압기 용량의 한도까지 부하설비를 증설하고자 할 때 증설 부하용량은 몇 [kVA] 인지 구하시오. (단, 증설 부하의 역률은 기존 부하의 개선된 합성역률과 같은 것으로 한다.)

○ 계산과정 : 역률 개선 후 변압기에 인가되는 부하

$P_a = \sqrt{(P+P_\ell)^2 + (P_r - Q_c)^2} = \sqrt{(300+17.78)^2 + (400-254.7)^2} = 349.42[\text{kVA}]$

증설부하 용량 $P_a' = 500 - 349.42 = 150.58[\text{kVA}]$

○ 정답 : 150.58[kVA]

문제 23. 역률(지상)이 0.8인 유도부하 30[kW]와 역률 1인 전열기 부하 25[kW]가 있다. 이들 부하에 사용할 변압기의 표준용량[kVA]을 구하시오. 산기 09-3, 11-3, 19-1, 22-2(5점)

| 변압기 표준용량[kVA] | 5, 10, 15, 20, 25, 50, 75, 100 |

○ 계산과정:역률(지상)이 0.8인 유도부하의 유효전력

유효전력 $P = 30 + 25 = 55[\text{kW}]$

무효전력 $P_r = P_a \sin\theta = \dfrac{30}{0.8} \times \sqrt{1-0.8^2} = 22.5[\text{kVar}]$

피상전력 $P_a' = \sqrt{55^2 + 22.5^2} = 59.42[\text{kVA}]$

○ 정답 : 75[kVA]

문제 24. 어떤 공장의 3상 부하가 20[kW], 역률이 60[%](지상)이라고 한다. 이것을 역률 80[%] 로 개선하기 위한 전력용 커패시터의 용량[kVA]을 구하시오. 또한 이를 위해 단상 커패시터 3 대를 △결선한 경우에 필요한 커패시터의 정전용량을 구하시오. (단, 전력용 커패시터의 정격

전압은 200[V], 주파수는 60[Hz]이다.)
기사 23-2, 산기 07-2, 08-3, 09-2, 12-3, 14-1, 15-3, 19-1, 22-1(5~7점)
(1)전력용 커패시터의 용량

○계산과정 : $Q = P\left(\dfrac{\sin\theta_1}{\cos\theta_1} - \dfrac{\sin\theta_2}{\cos\theta_2}\right) = 20 \times \left(\dfrac{0.8}{0.6} - \dfrac{0.6}{0.8}\right) = 11.67[\text{kVA}]$

○정답 : 11.67[kVA]

(2) Δ결선한 정전용량

○계산과정 : $Q = 3 \times 2\pi f CV^2[\text{kVA}]$이므로

$C = \dfrac{Q}{3 \times 2\pi f V^2} = \dfrac{11.67 \times 10^3}{3 \times 2\pi \times 60 \times 200^2} = 257.96 \times 10^{-6}[\text{F}] = 257.96[\mu\text{F}]$

○정답 : $257.96[\mu\text{F}]$

문제 25. 3상 380[V], 18.5[kW], 60[Hz]의 유도전동기가 역률 70[%]로 운전하고 있다. 여기에 Y결선한 후 병렬로 설치하여 역률을 90[%]로 개선하고자 할 때 다음 물음에 답하시오. 기사 21-3(6점)

(1) 3상 전력용 커패시터의 용량[kVA]을 구하시오. 기사 21-3(6점)
○계산과정 : 역률개선용 콘덴서 용량

$Q = P\left(\dfrac{\sin\theta_1}{\cos\theta_1} - \dfrac{\sin\theta_2}{\cos\theta_2}\right) = 18.5 \times \left(\dfrac{\sqrt{1-0.7^2}}{0.7} - \dfrac{\sqrt{1-0.9^2}}{0.9}\right) = 9.91[\text{kVA}]$

○정답 : 9.91[kVA]

(2) 1상 전력용 커패시터의 정전용량[μF]을 구하시오.

○계산과정 : Y결선시 콘덴서 용량 $Q = 3\omega C \times \left(\dfrac{V}{\sqrt{3}}\right)^2 = 2\pi f CV^2 = 9.91 \times 10^3[\text{VA}]$이므로

$C = \dfrac{Q}{2\pi f V^2} = \dfrac{9.91 \times 10^3}{2\pi \times 60 \times 380^2} = 182.04 \times 10^{-6}[\text{F}] = 182.04[\mu\text{F}]$

○정답 : $182.04[\mu\text{F}]$

문제 26. 10[kVar]의 전력용 콘덴서를 설치하고자 할 때 필요한 콘덴서의 정전용량 [μF]을 각각 구하시오. (단, 사용전압은 380[V]이고, 주파수는 60[Hz]이다.) 산기 16-3, 17-1, 21-2, 23-2(6점)

(1) 단상 콘덴서 3대를 Y결선할 때 콘덴서의 정전용량 [μF]
○계산과정 : 충전용량 $Q_Y = \omega C_{Y1} V^2$

$C_{Y1} = \dfrac{Q_\Delta}{\omega V^2} = \dfrac{10 \times 10^3}{2\pi \times 60 \times 380^2} = 183.70 \times 10^{-6}[\text{F}] = 183.70[\mu\text{F}]$

○정답 : $183.70[\mu\text{F}]$

(2) 단상 콘덴서 3대를 $\triangle$결선할 때 콘덴서의 정전용량[μF]
○계산과정 : 충전용량 $Q_\triangle = 3\omega C_{\Delta 1} V^2$에서

$C_{\Delta 1} = \dfrac{Q_\Delta}{3\omega V^2} = \dfrac{10 \times 10^3}{3 \times 2\pi \times 60 \times 380^2} = 61.23 \times 10^{-6}[\text{F}] = 61.23[\mu\text{F}]$

○ 정답 : 61.23[μF]

(3) 콘덴서는 어떤 결선으로 하는 것이 유리한지 설명하시오.
○ 같은 전압을 사용했을 때 정전용량을 비교해보면
$C_{\Delta 1} = \frac{1}{3} C_{Y1}$ 이므로 △결선이 더 유리하다.

문제 27. 콘덴서를 접속하여 역률을 개선하면 전기요금의 저감과 배전선의 손실경감, 전압강하 감소, 설비용량의 감소 등을 기할 수 있으나, 너무 과보상하면 역효과가 나타난다. 경 부하 시 콘덴서가 과대 삽입되는 경우의 결점 4가지를 쓰시오. 기사 03-2, 12-1, 14-3, 15-3(4점)
○ 모선 전압의 과대한 상승(전압변동의 증가)
○ 전력손실의 증가
○ 고조파에 의한 왜곡의 증가
○ 계전기의 오동작

해설 : 역률 과보상이란 역률 개선용 콘덴서 용량은 부하의 지상 전류에 의한 무효전력보다는 크지 않아야 하는데 콘덴서에 의한 진상전류 무효전력 즉 콘덴서 용량이 지상전류 무효전력을 상쇄하고도 남는 경우로써 90°앞선 진상전류에 의한 모선 전압의 상승 및 앞선 역률 저하로 인한 전력 손실의 증가, 고조파 왜곡의 증가, 계전기 오동작 등을 유발시킬 수 있다.

문제 28. 역률 개선을 위한 전력용 콘덴서의 개폐제어 중 자동조작방식을 제어요소에 따라 분류하는데 그 제어요소 4가지 방식을 쓰시오. 기사 23-1, 산기 04-3, 10-2 (5점)
○ 무효전력에 의한 제어
○ 전압에 의한 제어
○ 전류에 의한 제어
○ 역률에 의한 제어

5. 기준충격절연강도(BIL)

문제 29. 차단기 명판에 BIL 150[kV] 정격차단전류 20[kA], 차단시간 3[Hz], 솔레노이드 형이라고 기재되어 있다. 이것을 보고 다음 각 물음에 답하시오. 기사 05-2, 23-3, 산기 09-2, 10-3, 11-1(7점)
(1) BIL이란 무엇인가?
○ 정답 : 기준 충격 절연 강도
(2) 이 차단기의 정격전압이 25.8[kV]라면 정격차단용량은 몇 [MVA]가 되겠는가?
○ **계산과정** : $P_s = \sqrt{3}\, V_n I_s = \sqrt{3} \times 25.8 \times 20 = 893.74 [MVA]$
○ **정답** : 893.74[MVA]

(3) 차단기를 트립(trip)시키는 방식을 3가지만 작성하시오.
  ○ 과전류 트립방식   ○ 직류전압 트립방식   ○ 부족전압 트립방식

문제 30. 차단기 명판(name plate)에 BIL 150[kV], 정격 차단전류 20[kA]라고 표시되어 있다. 차단기의 정격전압 [kV]을 구하시오. 기사 08-1, 산기 02-1, 10-2, 11-1, 20-2(5~7점)

○ 계산과정 : $BIL = 5 \times 절연계급 + 50 = 5 \times \dfrac{공칭전압}{1.1} + 50[kV]$ 에서

  $공칭전압 = \dfrac{(BIL-50) \times 1.1}{5} = \dfrac{(150-50) \times 1.1}{5} = 22[kV]$

  차단기 정격전압 $= \dfrac{1.2}{1.1} \times 공칭전압 = \dfrac{1.2}{1.1} \times 22 = 24[kV]$

○ 정답 : 24[kV]

문제 31. 전력계통의 절연협조에 대하여 그 의미를 상세히 설명하고 관련 기기에 대한 기준 충격절연강도를 비교하여 절연협조가 어떻게 되어야 하는지를 설명하시오. 단, 관련 기기는 선로애자, 결합콘덴서, 피뢰기, 변압기에 대하여 비교하도록 한다. 기사 03-2, 07-3, 08-3, 산기 03-3, 09-2, 23-1(5점)
○ 정답 : 기준 충격절연강도 : 선로애자 > 결합콘덴서 > 변압기 > 피뢰기

문제 32. 아래 그림은 154[kV] 계통 절연협조를 위한 각 기기의 절연강도 비교표이다. 변압기, 선로애자, 개폐기 지지애자, 피뢰기 제한전압이 속해 있는 부분을 □안에 써 넣으시오. 기사 03-2, 07-3, 08-3, 산기 03-3, 09-2, 23-1(4~5점)

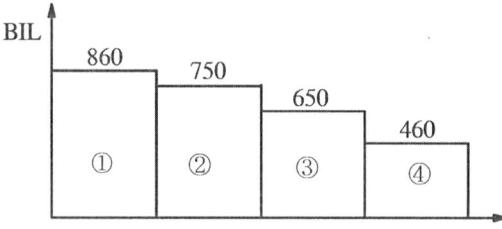

문제			
①	②	③	④

정답			
①	②	③	④
선로애자	개폐기 지지애자	변압기	피뢰기 제한전압

6. 피뢰기

문제 33. 피뢰기에 대한 다음 각 물음에 답하시오. 기사 04-1, 16-1, 18-3, 21-2, 산기 04-3, 08-1, 15-1, 15-3, 21-2(6~10점)

(1) 현재 사용되고 있는 교류용 피뢰기의 주요 구조는 무엇과 무엇인지 쓰시오.

○ 정답: 직렬 갭과 특성요소

(2) 피뢰기의 정격전압이라고 하는 것은 어떤 전압을 말하는지 쓰시오.
○ 정답 : 속류를 차단할 수 있는 최고 허용 교류전압(실효값)

(3) 피뢰기의 제한전압은 어떤 전압을 말하는지 쓰시오.
○ 정답 : 피뢰기 동작 중 피뢰기 양 단자 간에 남아있는 충격파 전압(파고값)

(4) 충격 방전 개시전압이란 무엇인가?
○ 정답 : 충격파 전압에 대하여 직렬갭이 방전을 개시하는 전압

(5) 자체 변전소의 출입구에 설치하고자 피뢰기를 구매하고자 한다. 피뢰기에 요구되는 피뢰기 특성상의 기술적인 요구 조건 4가지를 쓰시오. 기사 04-1, 14-3, 15-1, 16-2, 18-3, 21-2, 산기 04-3, 08-1, 15-3, 19-1, 23-3, 25-1(6점)
○ 속류(기류)차단 능력이 있을 것
○ 제한 전압이 낮을 것
○ 충격 방전개시전압이 낮을 것
○ 상용주파방전개시전압은 높을 것

(6) 피뢰기 설치 장소 4개소를 쓰시오.
○ 발, 변전소 또는 이에 준하는 장소의 가공전선 인입구 및 인출구
○ 가공전선로에 접속되는 특고압용 옥외 배전용 변압기의 고압 및 특고압 측
○ 고압 및 특고압 가공 전선로부터 공급을 받은 수용장소의 인입구
○ 가공전선로와 지중전선로가 접속되는 곳

문제 34. 피뢰기에 흐르는 정격방전전류는 변전소의 차폐유무와 그 지방의 연간 뇌우(雷雨) 발생일수와 관계되나 모든 요소를 고려한 경우 일반적인 시설장소별 적용할 피뢰기의 공칭방전 전류를 쓰시오. 기사 07-3, 11-2, 19-3(6점)

공칭방전전류	설치장소	적 응 조 건
①	변전소	• 154[kV] 이상의 계통 • 66[kV] 및 그 이하의 계통에서 Bank 용량이 3000[kVA]를 초과하거나 특히 중요한 곳 • 장거리 송전케이블 (배전선로 인출용 단거리 케이블은 제외) 및 정전축전기 Bank를 개폐하는 곳 • 배전선로 인출측 (배전 간선 인출용 장거리 케이블은 제외)
②	변전소	• 66[kV] 및 그 이하의 계통에서 Bank 용량이 3000[kVA] 이하인 곳
③	선로	• 배전선로

정답 :

①	②	③
10,000[A]	5,000[A]	2,500[A]

문제 35. 154[kV] 중성점 직접 접지 계통의 피뢰기 설치 시 피뢰기의 정격전압은 다음 표에서 어떤 것을 선택해야 하는가를 계산식에 의하여 구하시오. 단, 접지계수는 0.75이고, 여유도가 1.1이며 피뢰기의 정격전압은 표와 같다. 기사 09-2, 17-2, 22-1, 산기 00-1(5점)

피뢰기의 정격 전압(표준값[kV])					
126	144	154	168	182	196

○계산과정 : 피뢰기 정격전압

$V_n = 접지계수 \times 유도계수 \times 계통최고전압 = 0.75 \times 1.1 \times 170 = 140.25 [kV]$

○정답 : 144 [kV] 선정

7. 서지흡수기(SA)

문제 36. 진공 차단기의 특징을 3가지만 쓰시오. 기사 19-1, 23-3(6점)
  ○진공으로 밀봉되어 있어 안전하고 소음이 적다.
  ○차단시간이 짧고 성능 양호
  ○화재에 대한 안전성 우수

문제 37. 수전전압 22.9[kV-Y] 변압기 용량 3,000[kVA]의 수전설비를 계획할 때 외부와 내부 이상전압으로부터 계통 기기를 보호하기 위해 설치해야 할 기기 명칭과 그 설치 위치를 설명하시오. (단, 변압기는 몰드형으로 변압기 1차 측 주 차단기는 진공차단기를 사용하고자 한다.) 기사 11-1, 산기 12-2, 16-2, 22-1(5점)

(1) 낙뢰 등 외부 이상전압
  ○ 기기명 : 피뢰기
  ○ 설치위치 : 진공 차단기 1차 측

(2) 개폐 이상전압 등 내부 이상전압
  ○ 기기명 : 서지흡수기
  ○ 설치위치 : 진공 차단기 2차 측과 몰드형 변압기 1차 측 사이

[해설] 서지흡수기(SA) 설치 위치 : 개폐 서지가 발생하는 차단기 후단과 부하 측 사이에 설치 운용한다.

문제 38. 서지흡수기의 기능에 대해 간단히 쓰고, 공칭전압에 따른 그 정격전압 및 공칭 방전전류에 대한 다음 표를 완성하시오. 산기 12-3, 16-2, 19-3, 23-1(5점)

(1) 기능 : 구내 선로에서 발생할 수 있는 개폐서지나 순간 과도전압 같은 이상전압으로부터 전동기나 변압기 등을 보호하기 위한 보호 장치

(2) 정격전압 및 공칭 방전전류

문제			
공칭전압	3.3[kV]	6.6[kV]	22.9[kV-Y]
정격전압			
공칭방전전류			

정답			
공칭전압	3.3[kV]	6.6[kV]	22.9[kV-Y]
정격전압	4.5[kV]	7.5[kV]	18[kV]
공칭방전전류	5[kA]	5[kA]	5[kA]

문제 39. 서지흡수기는 구내선로에서 발생하는 개폐서지나 순간과도전압 등으로부터 2차기기에 악영향을 주는 것을 막기 위해 시설하는 것이 바람직하다. 다음의 진공차단기(VCB)와 2차 보호기기를 조합하여 사용할 시 반드시 서지흡수기를 설치하여야 하는 경우는 "적용", 설치하지 않아도 되는 경우는 "불필요"로 구분하여 빈칸에 쓰시오. 기사 11-1, 13-3, 19-2, 산기 12-3, 16-2, 23-1(5점)

[서지흡수기의 적용]

문제							
구 분	차단기 종류	전압 등급	2차 보호기기				
			전동기	변 압 기			콘덴서
				유입식	몰드식	건식	
적용여부	VCB	6[kV]					

정답							
구 분	차단기 종류	전압 등급	2차 보호기기				
			전동기	변 압 기			콘덴서
				유입식	몰드식	건식	
적용여부	VCB	6[kV]	적용	불필요	적용	적용	불필요

문제 40. 변압기와 고압 모터에 서지흡수기를 설치하고자 한다. 각각의 경우에 대하여 서지흡수기를 그려 넣고 각각의 공칭전압에 따른 서지흡수기의 정격(정격전압 및 공칭방전전류)도 함께 쓰시오. 산기 08-3, 19-2(5점)

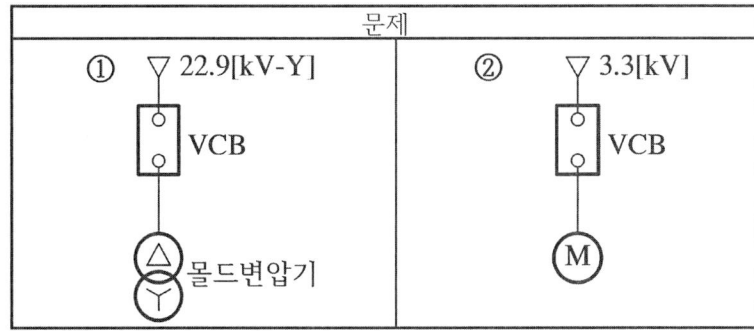

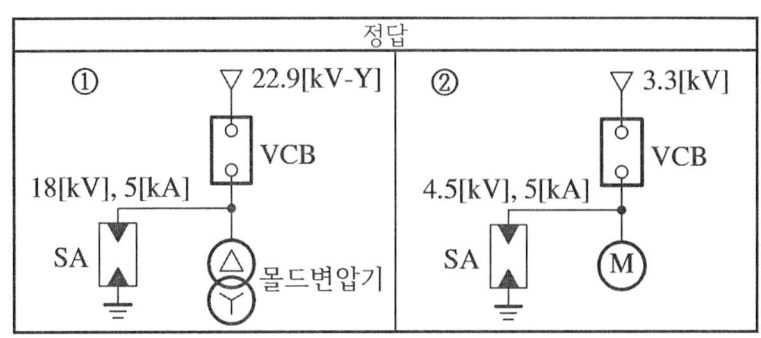

[해설] 서지흡수기(SA) 정격 :

공칭전압	3.3[kV]	6.6[kV]	22.9[kV-Y]
정격전압	4.5[kV]	7.5[kV]	18[kV]
공칭방전전류	5[kA]	5[kA]	5[kA]

제3장. 수변전설비 기출문제

1. 수변전실 설계

문제 1. 수변전설비를 설계하고자 한다. 기본설계에 있어서 검토할 주요 사항 6가지만 쓰시오. 기사 08-1, 10-2(6점)
- 부하설비용량
- 수전 전압 및 수전 방식
- 주회로의 결선 방식
- 감시 제어방식
- 변전설비의 형식
- 수전용량 및 계약전력의 추정

문제 2. 전기설비 관련 시설공간에서 전기실의 위치 선정시 고려해야 하는 사항을 1가지씩만 쓰시오. 기사 08-3, 14-2, 산기 11-3, 25-1(4점)
1. 환경적 고려사항
 ○ 기기 반입, 반출 및 운전, 보수가 용이한 장소일 것
2. 전기적 고려사항
 ○ 외부로부터 전원을 공급받기 위한 전선로 등의 인입이 편한 장소일 것

[해설] 전기설비 시설공간(실) 계획시 고려사항
1. 건축 관점의 고려사항
- 장비 반입 및 반출 통로가 확보되어야 한다.
- 장비의 배치 및 유지보수가 용이하도록 충분한 넓이와 유효높이가 확보되어야 한다.
- 가능한한 수변전실과 인접되어야 한다.
- 수변전실은 불연 재료를 사용하여 구획하고, 출입구는 방화문으로 한다.

2. 환경적 고려사항
- 환기가 잘되어야 하고 설비의 중요도에 따라서 환기 설비, 냉방 또는 제습장치를 할 것
- 폭발 위험이 없을 것
- 침수 또는 내부의 배관 누수사고 등으로부터 안전한 위치에 설치할 것
- 수변전실의 위치 결정은 지하 공간침수방지를 위한 수방기준에 따른다.
- 자중, 적재 하중, 적설 또는 풍압 및 지진, 그 밖의 진동과 충격에 대하여 안전한 장소일 것

3. 전기적 고려사항
- 외부로부터 전원을 공급받기 위한 전선로 등의 인입이 편한 장소일 것
- 사용부하의 중심에 가깝고, 간선의 배선이 용이할 것
- 용량의 증설에 대비한 면적을 확보할 수 있는 장소로 한다.
- 수전, 배전거리를 짧게 하여 경제성을 고려한다.

문제 3. 수전실 등의 시설과 관련하여 변압기, 배전반 등 수전설비는 보수 점검에 필요한 공간 및 방화상 유효한 공간을 유지하기 위하여 주요부분이 유지하여야 할 거리를 정하고 있다. 다음 표에

기기별 최소유지거리를 쓰시오. 기사 09-1, 산기 08-3, 14-2, 18-2(4~6점)

기기별 \ 위치별	앞면 또는 조작·계측면	뒷면 또는 점검면	열상호간 (점검하는 면)
특고압 배전반	① [m]	② [m]	③ [m]
저압 배전반	④ [m]	⑤ [m]	⑥ [m]

정답란

①	②	③	④	⑤	⑥
1.7	0.8	1.4	1.5	0.6	1.2

문제 4. 스포트네트워크 방식이란 무엇이며 특징 4가지를 쓰시오. 기사 09-2, 15, 19-1(4~7점)
○ 스포트 네트워크 방식 : 변전소로부터 2회선 이상의 배전선로를 가설하여 한 회선에서 고장이 발생할 경우 그 고장 회선의 변전소 측 차단기와 변압기 2차 측 네트워크프로텍터를 이용 고장 회선을 완전 분리한 후 나머지 회선을 통해 무정전 전력을 공급할 수 있는 방식
○ 특징
① 무정전 전력 공급이 가능하므로 신뢰도가 높다.
② 계통 기기의 이용률이 향상된다.
③ 효율이 높으므로 전력손실이 적고, 전압변동률이 작다.
④ 부하 증가에 대한 적응성이 높다.

문제 5. 최대 수용전력이 5,000[kW]이고 부하 역률이 90[%], 네트워크 수전방식의 회선수가 4이다. 변압기의 과부하율이 130%인 경우 네트워크 변압기의 용량[kVA]를 구하시오. 기사 12-1, 22-1(5점)

○계산과정 : 네트워크 변압기 용량
$$= \frac{\frac{최대수용전력}{\cos\theta}}{(회선수-1) \times 과부하율} = \frac{\frac{5,000}{0.9}}{(4-1) \times 1.3} = 1,424.50[kVA]$$

○정답 : 1,424.50[kVA]

[해설]스포트 네트워크 방식 : 변전소로부터 2회선 이상의 배전선로를 가설하여 한 회선에서 고장이 발생할 경우 그 고장 회선의 변전소 측 차단기와 변압기 2차 측 네트워크프로텍터를 이용 고장 회선을 완전 분리한 후 나머지 회선을 통해 무정전 전력을 공급할 수 있는 방식으로서 변압기 용량 환산시 (회선수-1)로 적용한다.

문제 6. 수변전 설비에서 에너지 절감 방안 5가지를 쓰시오. 기사 10-1(5점)
○정답
① 고효율 변압기 채택
② One-Step 강압 방식의 채용
③ 변압기 적정 용량 산정 및 대수 제어
④ 설비 부하의 프로그램 제어(최대수요전력 제어)
⑤ 전력용 콘덴서를 설치하여 역률 개선

문제 7. 가스절연변전소에 대한 다음 질문에 답하시오.
(1) 가스절연 변전소의 특징을 5가지만 설명하시오.(단, 가격 또는 비용에 대한 내용은 답에서 제외

한다.) 기사 10-1, 19-3, 23-1, 산기 06-2(5점)

정답
① 설치 면적이 축소되므로 소형화 할 수 있다.
② 충전부가 밀폐되므로 안정성이 높다.
③ 대기 오염물 영향을 받지 않으므로 신뢰성이 높다.
④ 유지 보수 및 점검이 용이하다.

(2) GIS에 사용되는 가스의 종류를 쓰고 그 특성에 대해 4가지만 쓰시오.
[정답] 가스의 종류 : SF_6 가스
 ○ 특성 : 무색, 무취, 무독성이고 불활성이다.

(3) 가스절연 개폐장치(GIS)의 구성 품 4가지를 쓰시오. 산기 11-2(4점)
 ○ 정답 : 가스차단기, 단로기, 접지개폐기, 계기용 변압기

문제 8. 그림과 같이 3상 농형 유도전동기 4대가 있다. 이에 대한 MCC반을 구성하고자 할 때 다음 각 물음에 답하시오. 기사 01-1, 02-2, 07-3(8~11점)

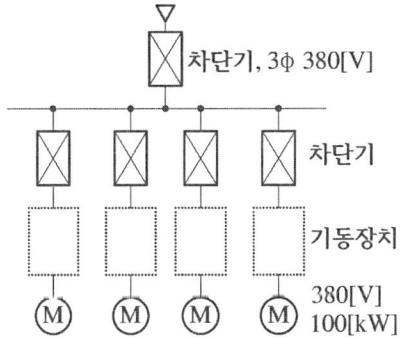

(1) MCC(Motor Control Center)의 기기 구성에 대한 대표적인 장치를 3가지만 쓰시오.
 ○ 정답 : MCC(Motor Control Center) 기기 구성
 ① 보호장치(배선용차단기, 누전차단기, EOCR, THR)
 ② 제어장치(전자접촉기, 파워릴레이, 계전기류, 조작스위치)
 ③ 감시장치(지시계기, 적산계기, 표시등)

(2) 전동기 기동 방식을 기기 수명과 경제적인 면을 모두 고려한다면 어떠한 방식이 적합한가?
 ○ 정답 : 기동보상기법

(3) 진상용 콘덴서 설치 시 제 5고조파를 제거하고자 한다. 그 대책에 대해 간단히 설명하시오.
 ○ 정답 : 콘덴서 용량의 6[%] 정도의 직렬리액터를 설치한다.

(4) 차단기는 보호계전기의 4가지 요소에 의해 동작되도록 하는데 그 4가지 요소를 쓰시오
 ① 전류형(OCR, OCGR)　　② 전압형(OVR, UVR, POR)
 ③ 전력형(PR, GR, SGR)　　④ 온도 및 주파수(온도계전기, 주파수계전기)

문제 9. 그림과 같은 계통에서 측로 단로기 DS_3을 통하여 부하에 전력을 공급하고 차단기 CB를 점검하고자 할 때 다음 각 물음에 답하시오. 단, 평상시에 DS_3는 열려있는 상태이다.) 산기 00-2, 04-1, 06, 10-2, 11-3, 14-3, 20-2(4~8점)

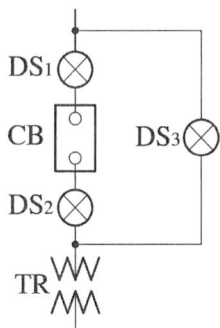

(1) 차단기를 점검하기 위한 조작 순서를 쓰시오.

  ○ 정답 : DS_3 ON → CB OFF → DS_2 OFF → DS_1 OFF

(2) CB 점검이 완료된 후 정상 상태로 전환 시 조작 순서를 쓰시오.

  ○ 정답 : DS_2 ON → DS_1 ON → CB ON → DS_3 OFF

(3) 도면과 같은 설비에서 차단기 CB의 점검 작업 중 발생할 수 있는 문제점을 설명하고 이러한 문제점을 해소하기 위한 방안을 설명하시오.

  ○ 문제점 : 차단기(CB)가 투입(ON)된 상태에서 단로기(DS_1, DS_2)를 투입(ON)하거나 개방(OFF)하면 감전 및 화상의 위험이 발생할 수 있다.

  ○ 해소 방안 : 단로기(DS_1, DS_2)와 차단기(CB)간에 인터록 회로를 구성하여 부하전류가 흐를 수 있는 상태에서는 단로기를 투입(ON), 개방(OFF)할 수 없도록 한다.

해설 : 단로기와 차단기 조합 조작순서

	조작순서
정전(전원차단)	차단기 OFF → 부하측 개폐기 OFF → 전원측 개폐기 OFF
급전(전원투입)	부하측 개폐기 ON → 전원측 개폐기 ON → 차단기 ON

문제 10. 다음 그림은 2중모선 방식으로 평상시에 No.1 T/L은 A모선에서 No.2 T/L은 B모선에서 전력을 공급받고 있으며 모선 연락용 CB는 개방되어 있다. 물음에 답하시오. 기사 90, 97, 02-1, 03-1, 05-3, 11-3(10점)

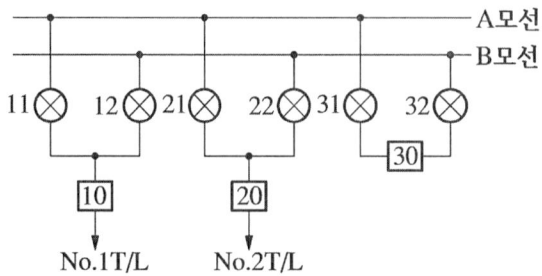

(1) B모선을 점검하기 위한 절체하는 순서는? (단, 10-OFF, 20-ON 등으로 표시.)
  ◦정답 : 31 ON - 32 ON - 30 ON - 21 ON - 22 OFF - 30 OFF - 31 OFF - 32 OFF

(2) B모선 점검 후 원상 복구하는 조작 순서는? (단, 10-OFF, 20-ON 등으로 표시.)
  ◦정답 : 31 ON - 32 ON - 30 ON - 22 ON - 21 OFF - 30 OFF - 31 OFF - 32 OFF

(3) 10, 20, 30 및 11, 21에 대한 기기 명칭은?
  ◦정답 : 10, 20, 30 : 차단기 11, 21 : 단로기

(4) 이중 모선의 장점은?
  ◦정답 : 모선의 사고나 점검 보수 시 절체에 의한 무정전 전력공급 가능

문제 11. 그림은 22.9[kV-Y], 1,000[kVA]이하에 적용 가능한 특고압 간이수전설비의 표준 결선도이다. 이 결선도를 보고 다음 각 물음에 답하시오. 기사 98, 04-2, 07-3, 08-1, 09-1, 22-3, 산기 08-2, 13-2, 15-2, 23-3(10 ~ 14점)

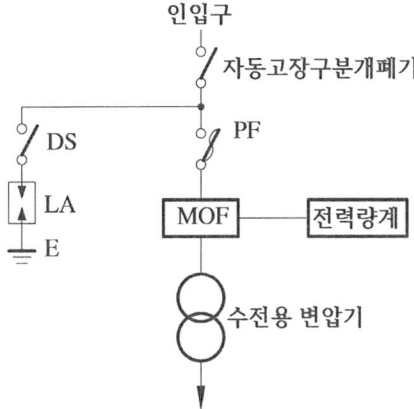

(1) 300[kVA]이하의 경우에 자동고장 구분개폐기 대신에 사용할 수 있는 것은 어느 것인가?
  ◦정답 : 인터럽터 스위치

(2) 본 도면에 사용된 시설 중 생략할 수 있는 것은 어느 것인가?
  ◦정답 : LA용 단로기(DS)

(3) LA는 어떤 장치가 붙어 있는 형태의 것을 사용하여야 하는가?
  ◦정답 : disconnector 붙임형

(4) 인입선을 지중선으로 시설하는 경우로서 공동주택 등 사고 시에 정전 피해가 큰 수전설비의 인입선은 예비선을 포함하여 몇 회선으로 시설하는 것이 바람직한가?
  ◦정답 :2회선

(5) 22.9[kV-Y] 지중 인입선에는 어떤 종류의 케이블을 사용하는지 쓰시오.
  ◦정답 :CN-CV-W(수밀형) 또는 TR CN-CV-W(수트리억제형)

(6) 전력구, 공동구, 덕트, 건물구내 등 화재우려가 있는 장소에는 어떤 케이블을 사용하는지 쓰시오.

○ 정답 : FR CNCO-W(난연)케이블

(7) 300[kVA] 이하인 경우 PF대신 COS를 사용하였다. 이것의 비대칭 차단 전류용량은 몇 [kA] 이상의 것을 사용하여야 하는가?
○ 정답 : 10[kA]이상

문제 12. 다음 그림은 어느 생산 공장의 수전 설비 계통도이다. 계통도를 보고 다음 물음에 답하시오. 산기 02-1, 02-2, 12-2, 17-3, 18-3, 24-3(7~9점)

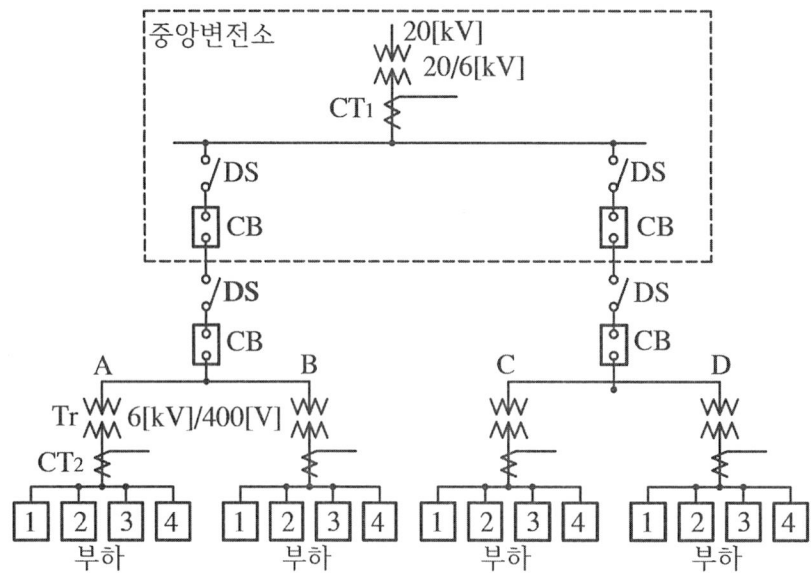

[뱅크의 부하 용량표]

Feeder	부하설비용량[kW]	수용률[%]
1	125	80
2	125	80
3	500	70
4	600	85

[변류기 규격표]

항목		변류기[A]
변류기	정격 1차 전류	100, 200, 300, 400, 500, 600, 750, 1000, 2000, 3000, 5000
	정격 2차 전류	5

변압기 표준용량 [kVA]						
1000	1500	2000	2500	3000	3500	5000

(1) A, B, C, D뱅크에 같은 부하가 걸려 있으며, 중앙변전소 변압기 용량을 주어진 변압기 표준용량표를 참고하여 선정하시오. 단, 각 뱅크 간 부등률은 1이고, 각 뱅크의 부하 간의 부등률은 1.2이며, 전부하 합성 역률은 0.9이다.

A 변압기 용량 $[kVA] = \dfrac{125 \times 0.8 + 125 \times 0.8 + 500 \times 0.7 + 600 \times 0.85}{1.2 \times 0.9} = 981.48 [kVA]$

중앙 변전소의 변압기 용량 $[kVA] = \dfrac{981.48 \times 4}{1(뱅크간부등률)} = 3925.92 [kVA]$

○ 정답 : 5,000[kVA]

(2) 중앙변전소 변압기 20,000/6,000, A 뱅크 변압기 6,000/400 일 때 변압기 표준용량표를

사용하고 변류기 규격표에 의하여 변류비를 가까운 값으로 선정하시오.

① CT_1 변류비(단, 여유율은 1.25배로 한다.)

○ CT_1 1차 전류 $I_{CT1} = \dfrac{5000}{\sqrt{3}\times 6}\times 1.25 = 601.41[A]$이므로 표에서 600/5 선정

○ 정답 : 600/5

② CT_2의 변류비 : (단, 여유율은 1.35배로 한다.)
A 뱅크 변압기의 용량이 981.48[kVA]이므로 표준 1,000[kVA] 적용한다.
$I_{CT2} = \dfrac{1000}{\sqrt{3}\times 0.4}\times 1.35 = 1948.56[A]$이므로 표에서 2,000/5 선정

○ 정답 : 2,000/5

문제 13. 다음 그림은 어느 수전설비의 단선 계통도이다. 각 물음에 답하시오.(단, KEPCO(한국전력) 측의 전원용량은 500,000[kVA]이고, 선로 손실 등 제시되지 않은 조건은 무시한다.) 기사 93, 01-1, 15-2(6점)

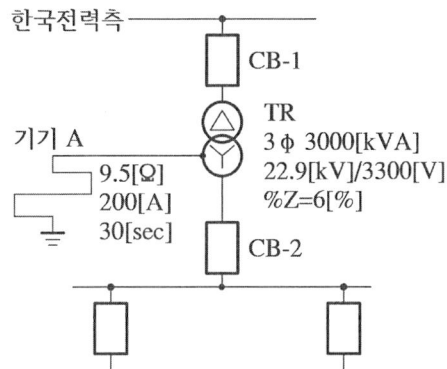

(1) CB-2의 정격을 구하시오. (단, 차단용량은 [MVA]로 계산한다.)
○ 계산과정 :

기준 용량 3,000[kVA]로 환산한 전원 측 $\%Z_L = \dfrac{P_n}{P_s}\times 100 = \dfrac{3000}{500000}\times 100 = 0.6[\%]$

• CB-2 1차 측 합성임피던스 $\%Z = 0.6 + 6 = 6.6[\%]$
• 단락용량 $P_s = \dfrac{100}{\%Z}\times P_n = \dfrac{100}{6.6}\times 3000\times 10^{-3} = 45.45[MVA]$
○ 정답 : 50[MVA] 선정

(2) 기기 A의 명칭과 그 기능을 쓰시오.
○ 명칭 : 중성점 접지저항기
○ 기능 : 지락 사고 시 건전상의 전위 상승을 억제 및 지락전류의 크기 제한

문제 14. 3φ 4W 22.9[kV] 수전 설비 단선 결선도이다. ①~⑩번까지 표준 심벌을 사용하여 도면을 완성하고 ① ~ ⑩까지의 표를 완성하시오. 기사 94, 07-3(13점), 산기 95, 00-6, 01-1, 05-3(15점)

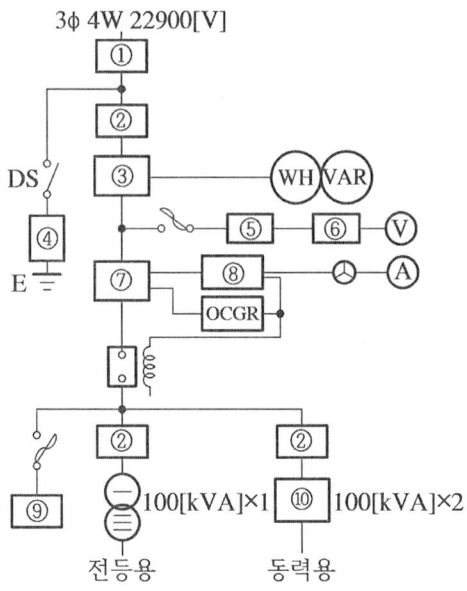

[정답]

번호	약호	심벌	명칭	기능
①	DS		단로기	차단기를 개방한 후 전로를 완전히 개방, 분리하기 위한 입입구 개폐기
②	PF		전력퓨즈	설비계통에서의 단락전류에 대한 보호 및 차단기의 부족 차단 용량을 보완하기 위한 퓨즈
③	MOF		전력수급용 계기용변성기	PT와 CT를 한 탱크 속에 넣은 것으로 회로의 고전압 및 대전류를 각각 PT비 및 CT비에 비례하는 낮은 값으로 변성하여 전력량계에 공급하기 위한 변성기
④	LA		피뢰기	뇌 또는 회로의 개폐로 인하여 발생하는 과전압을 제한하여 전기설비의 절연을 보호하고 그 속류를 차단하는 보호 장치
⑤	PT		계기용 변압기	회로의 고전압을 저 전압으로 변성하여 측정 계기나 계전기의 전압원으로 사용하기 위한 전압변성기
⑥	VS		전압계용 전환개폐기	3상회로의 각 상 전압을 1대의 전압계를 이용하여 순차적으로 측정하는데 사용하는 전환스위치
⑦	CT		계기용 변류기	대전류를 소전류로 변성하여 측정 계기나 계전기의 전류원으로 사용하기 위한 전류변성기
⑧	OCR	OCR	과전류계전기	과전류 발생 시 여자 되어 부하설비 계통을 보호하기 위한 차단기를 개방, 동작시키기 위한 보호 계전기
⑨	SC		전력용콘덴서	부하 설비 계통의 역률 개선용 콘덴서
⑩	TR		변압기	수전 전압으로부터 부하에 필요한 전압을 변성하기 위한 전압 변성기

문제 15. 그림과 같은 간이 수전 설비에 대한 결선도를 보고 다음 각 물음에 답하시오. 기사 01-2, 05-1, 18-1, 산기 06-1(8 ~ 13점)

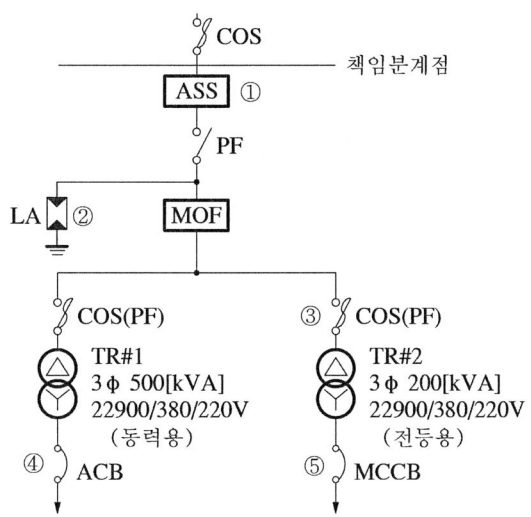

(1) 수전실의 형태 Cubicle Type으로 할 경우 고압반(HV ; High voltage) 4면과 저압반(LV ; Low voltage)은 2개의 면으로 구성되어 있다. 수용되는 기기의 명칭을 쓰시오)
  ㅇ 고압반 4면 : 피뢰기 + 전력퓨즈, 전력수급용 계기용 변성기, 컷아웃스위치 + 동력용 변압기, 컷아웃스위치 + 전등용 변압기
  ㅇ 저압반 2면 : TR#1용 기중차단기, TR#2용 배선용차단기

(2) 도면에 표시된 ①, ②, ③ 기기의 최대 설계전압과 정격전류를 구하시오.

문제		
기기	최대실계전압[kV]	정격전류[A]
①		
②		
③		

정답		
기기	최대실계전압[kV]	정격전류[A]
① ASS	25.8	200
② LA	18	2500
③ COS	25	100[AF], 8[A]

ㅇ **계산과정**: ASS에 흐르는 전류 $I = \dfrac{P_a}{\sqrt{3}\,V} = \dfrac{500+200}{\sqrt{3}\times 22.9} = 17.65[A]$ ∴ 200[A] 선정

• 내선규정 표 3220-4 비한류형 파워퓨즈(방출형)의 정격전류 선정에서
  3ϕ 200[kVA] 변압기 전 부하 전류 5.04[A], 퓨즈 정격전류 8[A] 선정

(3) ④, ⑤ 차단기 용량(AF, AT)은 어느 것을 선정하면 되겠는가? (단, 역률은 100[%]로 계산한다.)
차단기 용량

④ ACB : ACB에 흐르는 전류 $I = \dfrac{P_a}{\sqrt{3}\,V} = \dfrac{500\times 10^3}{\sqrt{3}\times 380} = 759.67[A]$

ㅇ 정답 : AF 800[A], AT 800[A] 선정

⑤ MCCB : MCCB에 흐르는 전류 $I = \dfrac{P_a}{\sqrt{3}\,V} = \dfrac{200\times 10^3}{\sqrt{3}\times 380} = 303.87[A]$

ㅇ 정답 : AF 400[A], AT 350[A] 선정

문제 16. 그림은 인입변대에 22.9[kV] 수전 설비를 설치하여 380/220[V]를 사용하고자 한다. 다음 각 물음에 답하시오. 산기 01-3, 13-1, 18-2, 20-3(14점)

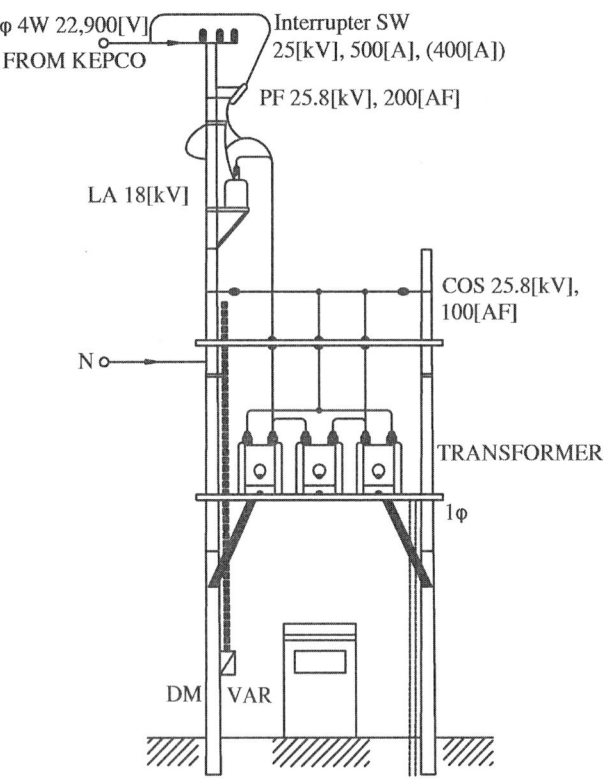

(1) DM 및 VAR의 명칭을 쓰시오.
(2) 도면에 사용된 LA의 수량은 몇 개이며 정격 전압은 몇 [kV]인가?
(3) 22.9[kV-Y] 계통에 사용하는 것은 주로 어떤 케이블이 사용되는가?
(4) 주어진 도면을 단선도로 그리시오.

[정답]

(1) DM 및 VAR의 명칭
  ○ DM : 최대수요전력량계   ○ VAR : 무효전력계

(2) LA의 수량 및 정격전압
  ○ LA 수량 : 3개   ○ 정격전압 : 18[kV]

(3) 22.9[kV-Y] 계통 케이블
  ○ 동심중성선 수밀형 전력케이블 (CNCV-W 케이블)
  ○ 트리억제형 동심중성선 수밀형 전력케이블
    (TR CNCV-W 케이블)

(4) 단선도

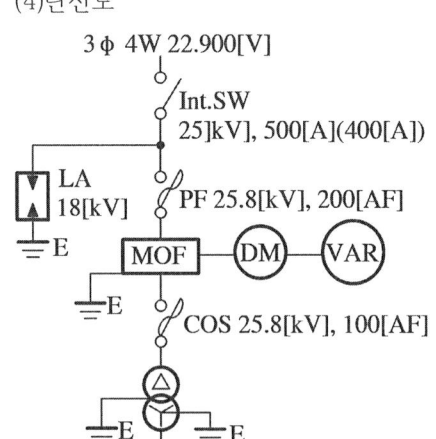

문제 17. 다음은 어느 수용가의 수·변전 설비도이다. 도면을 이해하고 다음 물음에 답하시오.
기사 19-2, 22-2(13점), 산기 98, 04-2, 20-1(15점)

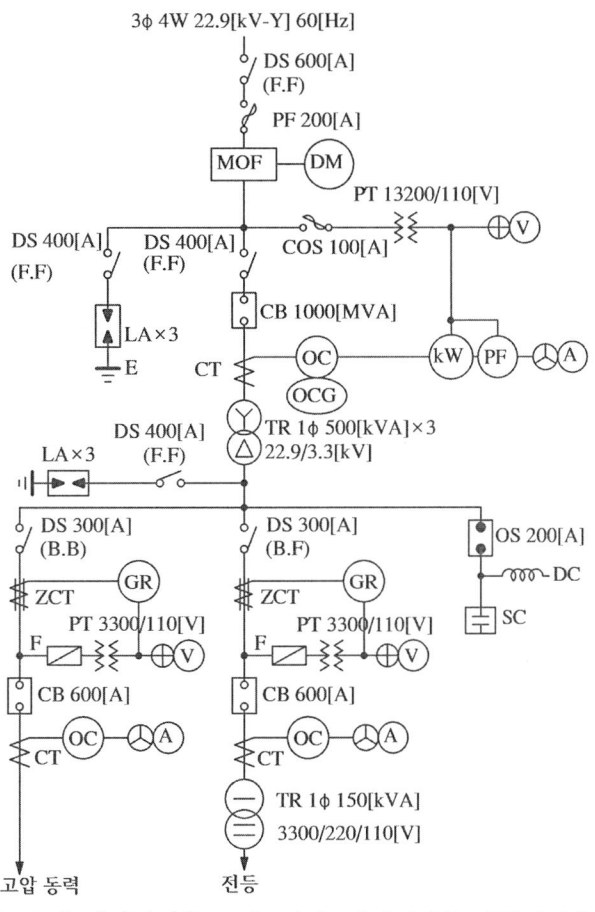

(1) 22.9[kV] 측의 DS의 정격전압을 쓰시오.(단, 정격전압은 계산과정을 생략하고 답만 적으시오.)
  ㅇ정답 : 25.8[kV]
(2) MOF의 역할을 쓰시오.
  ㅇ정답 : 전력량을 적산하기 위하여 고전압, 대전류를 변성기의 정격값으로 변성
(3) PF의 역할을 쓰시오.
  ㅇ정답 : 단락 전류와 고장전류를 차단
(4) 22.9[kV]의 LA 정격 전압을 쓰시오.
  ㅇ정답 : 18[kV]
(5) MOF에 연결되어 있는 DM의 명칭을 쓰시오.
  ㅇ정답 : 최대 수요 전력량계
(6) 하나의 전압계로 3상의 상전압이나 선간전압을 측정할 수 있는 스위치를 약호로 쓰시오.
  ㅇ정답 : VS
(7) 하나의 전류계로 3상의 전류를 측정할 수 있는 스위치를 약호로 쓰시오.
  ㅇ정답 : AS
(8) CB의 역할을 쓰시오.
  ㅇ정답 : 단락사고 및 과부하, 지락 사고 등의 사고전류 차단 및 부하 전류를 개폐
(9) 3.3[kV]측의 ZCT의 역할을 쓰시오.
  ㅇ정답 : 지락 사고 발생시 영상 전류 검출

(10) ZCT에 연결되어 있는 GR의 역할을 쓰시오.
 ○정답 : 지락 사고 발생시 ZCT에 의해 검출된 지락 전류를 입력값으로 하여 일정값 이상이 되면 차단기의 동작신호로 출력
(11) SC의 역할을 쓰시오.
 ○정답 : 부하 역률 개선
(12) 3.3[kV]측의 CB에서 600[A]는 무엇을 의미하는가 ?
 ○정답 : 차단기의 정격전류
(13) OS의 명칭을 쓰시오.
 ○정답 : 유입개폐기

문제 18. 다음 그림은 3Φ, 4W 22.9[kV] 수전설비 단선결선도이다. 다음 각 물음에 답하시오.
기사 15-1, 16-2, 18-3, 21-2, 산기 21-2(10 ~ 12점)

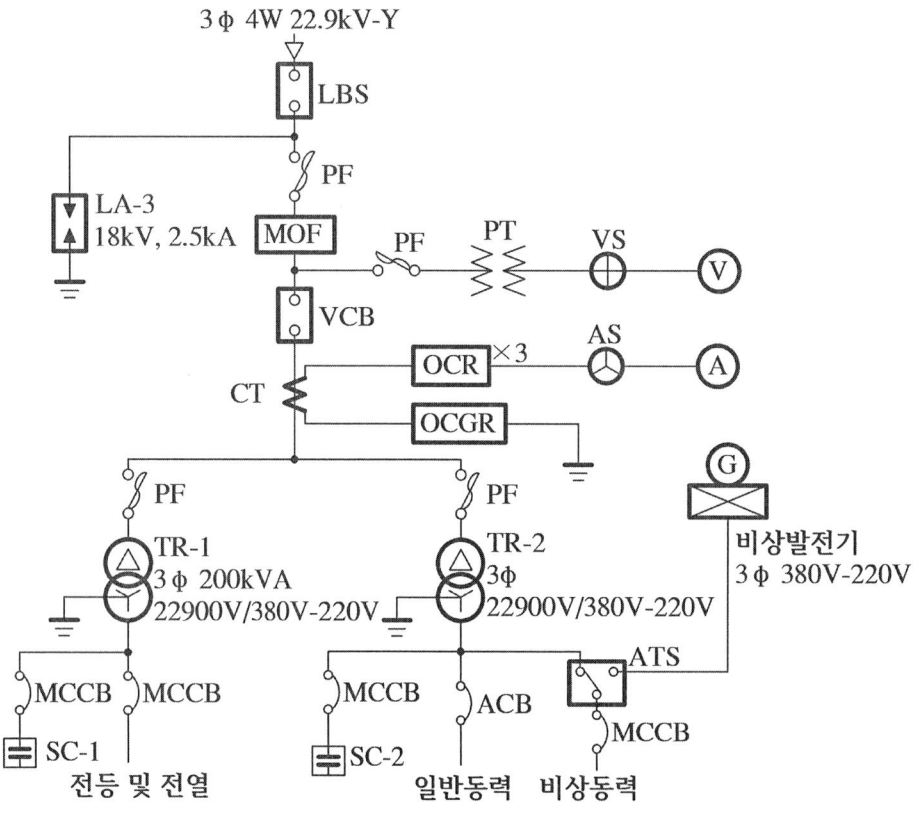

(1) 수전설비 단선결선도 부하집계 및 입력환산표의 ①~③을 완성하시오.
(단, 입력환산[kVA]은 계산 값의 소수점 둘째 자리에서 반올림한다.)

구 분	전등 및 전열	일반동력	비상동력
설비용량 및 효율	합계 350kW 100%	합계 635kW 85%	유도전동기1 7.5kW 2대 85% 유도전동기2 11kW 1대 85% 유도전동기3 15kW 1대 85% 비상조명 8000W 100%
평균(종합)역률	80%	90%	90%
수용률	60%	45%	100%

[부하집계 및 입력환산표]

구분		설비용량(kW)	효율(%)	역률(%)	입력환산(kVA)
전등 및 전열		350			(①)
일반동력		635			
비상동력	유도전동기1				(②)
	유도전동기2	11			
	유도전동기3				(③)
	비상조명	8			
	소 계				

① 계산과정 : ① 용량 $= \dfrac{350}{1 \times 0.8} = 437.5 [kVA]$

○ 정답 : 437.5[kVA]

② 계산과정 : ② 용량 $= \dfrac{7.5 \times 2}{0.85 \times 0.9} = 19.6 [kVA]$

○ 정답 : 19.6[kVA]

③ 계산과정 : ③ 용량 $= \dfrac{15}{0.85 \times 0.9} = 19.6 [kVA]$

○ 정답 : 19.6[kVA]

[해설] 부하집계 및 입력환산값

구분		설비용량(kW)	효율(%)	역률(%)	입력환산(kVA)
전등 및 전열		350	100%	80%	$\dfrac{350}{1 \times 0.8} = 437.5$
일반동력		635	85%	90%	$\dfrac{635}{0.85 \times 0.9} = 830.1$
비상동력	유도전동기1	7.5×2	85%	90%	$\dfrac{7.5 \times 2}{0.85 \times 0.9} = 19.6$
	유도전동기2	11	85%	90%	$\dfrac{11}{0.85 \times 0.9} = 14.4$
	유도전동기3	15	85%	90%	$\dfrac{15}{0.85 \times 0.9} = 19.6$
	비상조명	8	100%	90%	$\dfrac{8}{1 \times 0.9} = 8.9$
	소 계				62.5

(2) 단선결선도와 "나"항의 부하집계표에 의한 TR-2의 적정용량은 몇 kVA인지 구하시오.

[참고사항]
- 일반 동력군과 비상 동력군 간의 부등률은 1.3로 본다.
- 변압기 용량은 15%정도의 여유를 갖게 한다.
- 변압기의 표준규격(kVA)은 200, 300, 400, 500, 600으로 한다.

○ 계산과정 : TR-2 변압기 용량 $[kVA] = \dfrac{입력환산용량 \times 수용률}{부등률} \times 여유율$

$= \dfrac{830.07 \times 0.45 + (19.6 + 14.4 + 19.6 + 8.9) \times 1}{1.3} \times 1.15 = 385.71 [kVA]$

○ 정답 : 400[kVA]

(3) 단선결선도에서 TR-2의 2차측 중성점 접지도체 굵기[mm²]를 선정하시오.

[참고사항]
- 접지도체는 GV전선을 사용하고 표준굵기[mm²]는 6, 10, 16, 25, 35, 50, 70중에서 선택한다.
- GV전선의 표준굵기[mm²] 선정은 전기기기의 선정 및 설치, 접지설비 및 보호도체(KSC IEC 60364-5-54)에 따른다.
- 과전류 차단기를 통해 흐를 수 있는 예상 고장전류는 변압기 2차 정격전류의 20배로 본다.
- 도체, 절연물, 그 밖의 부분의 재질 및 초기온도와 최종온도에 따라 정해지는 계수는 143(구리도체)으로 한다.
- 변압기 2차 과전류 차단기는 고장전류에서 0.1초에 차단되는 것이다.

○ 계산과정 : TR-2의 예상 고장전류는 변압기 2차 정격전류의 20배까지 고려하면

$I_{TR-2} = \dfrac{(3)변압기용량}{\sqrt{3}\,V} \times 20 = \dfrac{400}{\sqrt{3} \times 0.38} \times 20 = 12,154.74\,[A]$

접지도체의 굵기 $S = \dfrac{\sqrt{I^2 t}}{k(도체계수)} = \dfrac{\sqrt{12,154.74^2 \times 0.1}}{143} = 26.88\,[mm^2]$

○ 정답 : 35[mm²]

문제 19. 고압 배전선의 구성과 관련된 환상(루프)식 배전 간선의 미완성 단선도를 완성하시오. 기사 08-1, 21-1(4점)

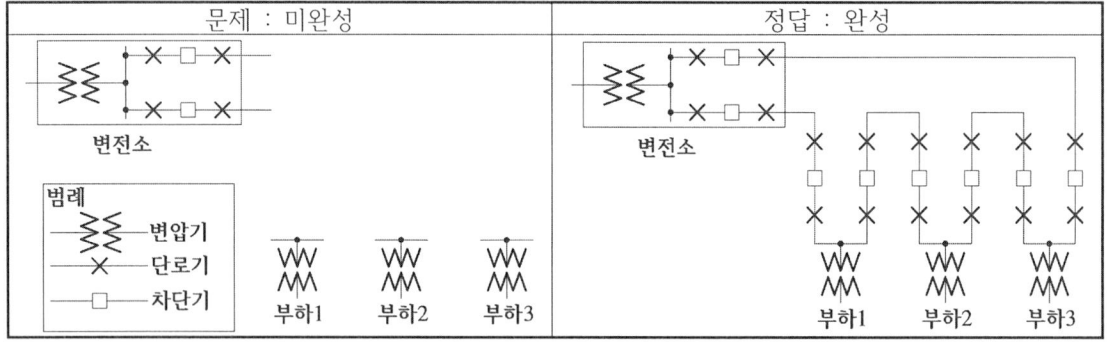

2. 수용률, 부하율, 부등률을 이용한 용량 계산

문제 20. 어느 수용가에서 하루 중 250[kW] 5시간, 120[kW] 8시간, 나머지 시간은 80[kW] 설비용량 450[kVA], 역률 80% 인 경우 수용률과 일 부하율을 구하시오. 기사 06, 10-2, 18-2, 18-3, 산기 11-1, 22-2(5~6점)

(1) 수용률 $= \dfrac{250}{450 \times 0.8} \times 100 = 69.44\,[\%]$ ○ 정답 : 69.44[%]

(2) 일부하율 : 평균수용전력 $= \dfrac{250 \times 5 + 120 \times 8 + 80 \times 11}{24} = 128.75\,[kW]$

일부하율 $= \dfrac{128.75}{250} \times 100 = 51.5\,[\%]$ ○ 정답 : 51.5[%]

문제 21. 그림은 어느 공장의 일부하 곡선이다. 이 공장에서의 일부하율은 몇 [%]인가? 기사 06, 10-2, 17-1, 18-2, 18-3, 25-1, 산기 01-3, 03-2, 06-2, 11-1, 18-2, 22-2, 25-1(5~6점)

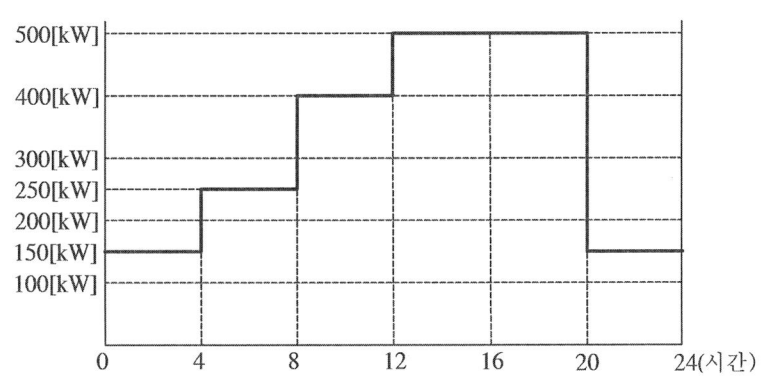

계산 : 부하율 = $\dfrac{(150 \times 4 + 250 \times 4 + 400 \times 4 + 500 \times 8 + 150 \times 4) \times \dfrac{1}{24}}{500} \times 100 = 65[\%]$

○정답 : 65[%]

문제 22. 어느 변전소에서 그림과 같은 일부하 곡선을 지닌 3개의 부하 A, B, C를 공급하고 있을 때, 이 변전소의 종합 부하에 대해 다음 값을 구하여라. (단, 부하 A, B, C의 역률은 각각 100[%], 80[%] 및 60[%]라 한다.) 산기 98, 00, 02-1, 10-3, 16-2, 20-2, 23-1, 기사 02, 13, 16-2, 20-2, 23-1(10~12점)

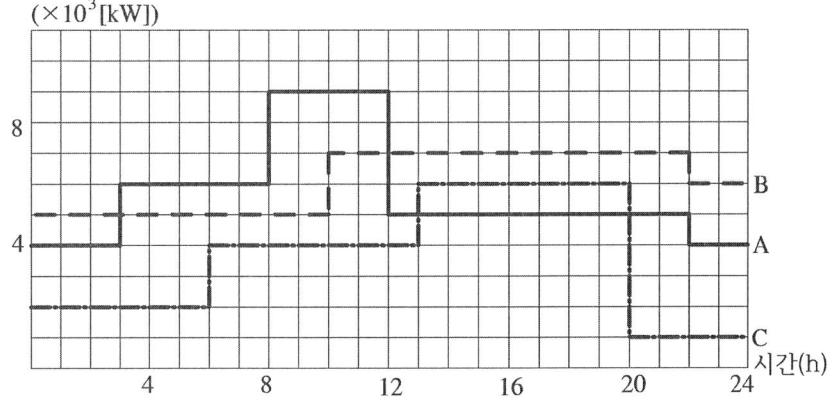

(1) 합성 최대전력[kW]을 구하시오.

○계산과정: 도면에서 합성최대전력은 10시에서 12시 사이에 나타나므로

$P_m = (9 + 7 + 4) \times 10^3 = 20 \times 10^3 [\text{kW}]$

○정답 : $20 \times 10^3 [\text{kW}]$

(2) 종합 부하율[%]을 구하시오.

○계산과정: A부하 평균전력

$P_A = \dfrac{(4 \times 3 + 6 \times 5 + 9 \times 4 + 5 \times 10 + 4 \times 2)}{24} \times 10^3 = 5.67 \times 10^3 [\text{kW}]$

B부하 평균전력 $P_B = \dfrac{(5 \times 10 + 7 \times 12 + 6 \times 2)}{24} \times 10^3 = 6.08 \times 10^3 [\text{kW}]$

C부하 평균전력 $P_C = \dfrac{(2 \times 6 + 4 \times 7 + 6 \times 7 + 1 \times 4)}{24} \times 10^3 = 3.58 \times 10^3 [\text{kW}]$

종합부하율 $= \dfrac{\text{평균전력}}{\text{합성최대전력}} \times 100 = \dfrac{5.67 + 6.08 + 3.58}{20} \times 100 = 76.65 [\%]$

○ 정답 : 76.65[%]

(3) 부등률을 구하시오.

○ 계산과정 : 부등률 $= \dfrac{\text{각 수용가최대전력의 합}}{\text{합성최대전력}} = \dfrac{9 + 7 + 6}{20} = 1.1$

○ 정답 : 부등률=1.1

(4) 최대 부하시의 종합 역률[%]을 구하시오.

○ 계산과정 : 최대 부하시 무효전력

$P_r = P_a \sin\theta = \dfrac{P}{\cos\theta} \times \sin\theta = \left(\dfrac{7}{0.8} \times 0.6 + \dfrac{4}{0.6} \times 0.8\right) \times 10^3 = 10.58 \times 10^3 [\text{kVar}]$

역률 $\cos\theta = \dfrac{20}{\sqrt{20^2 + 10.58^2}} \times 100 = 88.39 [\%]$

○ 정답 : 88.39[%]

문제 23. 도면은 어느 건물의 구내 간선 계통도이다. 주어진 조건과 참고 자료를 이용하여 다음 각 물음에 답하시오. 기사 97, 00, 04-3, 13-2(11점)

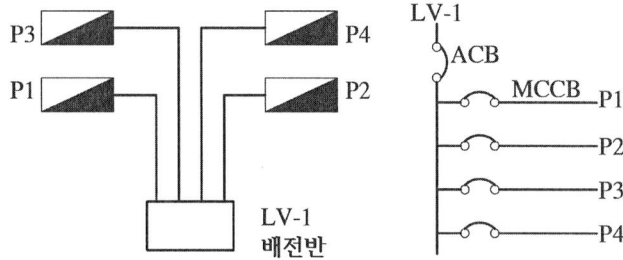

[산출 조건]
① 전압은 380[V]/220[V]이며 3상 4선식이다.
② Cable은 TRAY배선으로 한다.(공중, 암거 포설)
③ 전선은 가교폴리에틸렌 절연 비닐 외장 케이블이다.
④ 허용 전압 강하는 2[%]이다.
⑤ 분전반간 부등률은 1.1이다.
⑥ Cable 배선 거리 및 부하 용량표

분전반	거리[m]	연결부하[kVA]	수용률[%]
P1	50	240	65
P2	80	320	65
P3	210	180	70
P4	150	60	70

[참고자료 1] 배선용차단기(MCCB)

Frame	100[AF]			225[AF]			400[AF]		
기본형식	A11	A12	A13	A21	A22	A23	A31	A32	A33
극수	2	3	4	2	3	4	2	3	4
정격전류[AT]	60, 75, 100			125, 150, 175, 200, 225			250, 300, 350, 400		

[참고자료 2] 기중차단기(ACB)

TYPE	G1	G2	G3	G4
정격전류[A]	600	800	1000	1250
정격 절연전압[V]	1000	1000	1000	1000
정격 사용전압[V]	660	660	660	660
극수	3, 4	3, 4	3, 4	3, 4
과전류 트립 장치 정격전류	200,400,630	400,630,800	630,800,1000	800,1000,1250

(1) P_1의 전 부하 시 전류를 구하고, 여기에 사용될 배선용차단기(MCCB) 규격을 선정하시오.

전 부하전류 = $\dfrac{부하설비용량 \times 수용률}{\sqrt{3} \times 선간전압} = \dfrac{(240 \times 10^3) \times 0.65}{\sqrt{3} \times 380} = 237.02[A]$

또한, 배선용차단기 규격은 [참고자료 1]에서 표준용량을 선정하면
○ 정답 :
- 전 부하전류 : 237.02[A]
- 배선용차단기 규격 : 프레임의 크기 전류 400[AF], 정격 트립 전류 250[A]

(2) 배전반에 설치된 ACB의 최소 규격을 산정하시오.

전부하 전류 : $I = \dfrac{(240 \times 0.65 + 320 \times 0.65 + 180 \times 0.7 + 60 \times 0.7) \times 10^3}{\sqrt{3} \times 380 \times 1.1} = 734.81[A]$

따라서, [참고자료 2]에서 기중차단기 규격을 선정하면
○ 정답 G2 Type, 정격전류 800[A] 선정

(3) 0.6/1[kV] 가교폴리에틸렌 절연 비닐 시스 케이블의 영문 약호는?
○ 정답 : CV1

문제 24. 어떤 인텔리전트 빌딩에 대한 등급별 추정 전원 용량에 대한 다음 표를 이용하여 각 물음에 답하시오. 기사 02-2, 07-3, 12-1, 21-1(8~11점)

등급별 추정 전원 용량(VA/㎡)				
내용 \ 등급별	0등급	1등급	2등급	3등급
조 명	32	22	22	30
콘센트	-	13	5	5
사무자동화(OA)기기	-	-	34	36
일반동력	38	45	45	45
냉방동력	40	43	43	43
사무자동화(OA)동력	-	2	8	8
합 계	105	127	157	167

(1) 연면적 10,000[m²]인 인텔리전트 빌딩 2등급인 사무실 빌딩의 전력설비 부하용량을 다음 표에 의하여 구하시오.

부하내용	면적을 적용한 부하용량[kVA]	
		부하용량[kVA]
조명		
콘센트		
OA기기		
일반동력		
냉방동력		
OA동력		
합계		

정답 : 전력설비 부하용량표

부하내용	면적을 적용한 부하용량[kVA]	
	계산 과정	부하용량[kVA]
조명	$22 \times 10,000 \times 10^{-3} = 220[kVA]$	220[kVA]
콘센트	$5 \times 10,000 \times 10^{-3} = 50[kVA]$	50[kVA]
OA기기	$34 \times 10,000 \times 10^{-3} = 340[kVA]$	340[kVA]
일반동력	$45 \times 10,000 \times 10^{-3} = 450[kVA]$	450[kVA]
냉방동력	$43 \times 10,000 \times 10^{-3} = 430[kVA]$	430[kVA]
OA동력	$8 \times 10,000 \times 10^{-3} = 80[kVA]$	80[kVA]
합계	$157 \times 10,000 \times 10^{-3} = 1,570[kVA]$	1,570[kVA]

(2) 물음 "(1)"에서 조명, 콘센트, 사무자동화기기의 적정 수용률은 0.75, 일반동력 및 사무자동화 동력의 적정 수용률은 0.5, 냉방동력의 적정 수용률은 0.9이고, 주변압기 부등률은 1.3으로 적용한다. 이때 전압방식을 2단 강압 방식으로 채택할 경우 변압기의 용량에 따른 변전설비의 용량을 산출하시오.

변압기표준용량[kVA]	10, 15, 20, 30, 50, 75, 100, 150, 200, 300, 500, 750, 1000

< 산출조건 >
① 조명, 콘센트, 사무자동화 기기에 필요한 변압기 용량 산정

② 일반 동력, 사무자동화 동력에 필요한 변압기 용량 산정

③ 냉방 동력에 필요한 변압기 용량 산정

④ 주변압기 용량 산정

◦ **계산과정**

① 조명, 콘센트, 사무자동화기기용 변압기 : $TR_1 = (220+50+340) \times 0.75 = 457.5 [kVA]$

◦정답 : 500[kVA]

② 일반동력, 사무자동화 동력용 변압기 : $TR_2 = (450+80) \times 0.5 = 265 [kVA]$

◦정답 : 300[kVA]

③ 냉방동력용 변압기 : $TR_3 = 430 \times 0.9 = 387 [kVA]$ ◦정답 : 500[kVA]

④ 주변압기 : $STr = \dfrac{457.5+265+387}{1.3} = 853.46 [kVA]$ ◦정답 : 1000[kVA]

문제 25. 어느 빌딩의 수용가가 자가용 디젤 발전기 설비를 계획하고 있다. 발전기의 용량 산출에 필요한 부하 종류 및 특성이 다음과 같을 때 주어진 조건과 참고 자료를 이용하여 전 부하로 운전하는데 필요한 발전기 용량은 몇 [kVA]인지를 빈칸을 채우면서 선정하시오. 기사 96, 00-1, 13-3, 15-1, 21-3, 산기 96, 00, 04-3, 06-2, 11-1(5~8점)

부하의 종류	출력[kW]	극수[극]	대수[대]	적용 부하	기동 방법
전동기	37	6	1	소화전 펌프	리액터 기동
	22	6	2	급수 펌프	리액터 기동
	11	6	2	배풍기	Y-△ 기동
	5.5	4	1	배수 펌프	직입기동
전등, 기타	50	-	-	비상 조명	-

[참고 자료] 전동기 전부하 특성표

정격 출력 [kW]	극수	동기 회전 속도 [rpm]	전 부하특성		참고 값		전부하 슬립 s[%]
			효율 η[%]	역률 P.F[%]	무부하전류 I_o[A] (각상의 평균치)	전부하전류 I[A] (각상의 평균치)	
3.7	4	1800	83.0 이상	78.0 이상	8.2	14.6	6.5
5.5			85.0 이상	77.0 이상	11.8	21.8	6.0
7.5			86.0 이상	78.0 이상	14.5	29.1	6.0
11			87.0 이상	79.0 이상	20.9	40.9	6.0
7.5	6	1200	85.5 이상	73.0 이상	17.3	30.9	6.0
11			86.5 이상	74.5 이상	23.6	43.6	6.0
15			87.5 이상	75.5 이상	30.0	58.2	6.0
18.5			88.0 이상	76.0 이상	37.3	71.8	5.5
22			88.5 이상	77.0 이상	40.0	82.7	5.5
30			89.0 이상	78.0 이상	50.9	111.8	5.5
37			90.0 이상	78.5 이상	60.9	136.4	5.5

[조건]

• 참고 자료의 수치는 최소치를 적용한다.

• 전동기 기동 시에 필요한 용량은 무시한다.

• 수용률 적용

 ◦동력 : 적용 부하에 대한 전동기 대수가 1대인 경우에는 100[%], 2대인 경우에는 80[%]를 적용한다.

 ◦전등, 기타 : 100[%]를 적용한다.

- 부하의 종류가 전등, 기타인 경우의 역률은 100[%]를 적용한다.
- 자가용 디젤발전기 용량은 50, 100, 150, 200, 300, 400, 500에서 선정한다.(단위 : [kVA])

	효율[%]	역률[%]	입력[kVA]	수용률[%]	수용률 적용값[kVA]
37×1					
22×2					
11×2					
5.5×1					
50					
합계					
	필요한 발전기 용량 :			[kVA]	

[정답] 발전기 용량 선정

부하 종류	출력 [kW]	극수	전 부하 특성			수용률 [%]	수용률을 적용한 [kVA]용량
			효율[%]	역률[%]	입력[kVA]		
전동기	37×1	6	90	78.5	$\frac{37 \times 1}{0.9 \times 0.785} = 52.37$	100%	52.37
	22×2	6	88.5	77	$\frac{22 \times 2}{0.885 \times 0.77} = 64.57$	80%	$\frac{22 \times 2}{0.885 \times 0.77} \times 0.8 = 51.65$
	11×2	6	86.5	74.5	$\frac{11 \times 2}{0.865 \times 0.745} = 34.14$	80%	$\frac{11 \times 2}{0.865 \times 0.745} \times 0.8 = 27.31$
	5.5×1	4	85	77	$\frac{5.5 \times 1}{0.85 \times 0.77} = 8.40$	100%	8.40
전등,기타	50	-	-	100	50	100%	50
합계	158.5	-	-	-	209.48	-	189.73
	필요한 발전기 용량 : 200[kVA]						

3. 승압용량

문제 26. 단상 교류회로에 3150/210[V]의 승압기를 80[kW], 역률 0.8인 부하에 접속하여 전압을 상승시키는 경우에 다음 중 몇 [kVA]의 승압기를 사용하여야 적당한가? 단, 전원 전압은 2900[V], 승압기 용량 [kVA]은 2, 4, 5, 7.5, 10, 20이다. 기사 08-3, 12-1 (5점)

○ **계산과정** : 승압 전압 $E_2 = E_1\left(1 + \frac{n_2}{n_1}\right) = 2900\left(1 + \frac{210}{3150}\right) = 3093.33 \, [V]$

- 부하 전류 $I_2 = \frac{P}{E_2 \cos\theta} = \frac{80 \times 10^3}{3093.33 \times 0.8} = 32.33 [A]$

- 승압기 용량 $w = e_2 I_2 = 210 \times 32.33 \times 10^{-3} = 6.79 [kVA]$

○ 정답 : 7.5 [kVA] 선정

문제 27. 단자전압 3000[V]인 선로에 3000/210[V]인 승압기 2대를 V결선하여 40[kW], 역률 0.75인 3상 부하에 전력을 공급하는 경우 승압기 1대의 용량은 몇 [kVA]를 사용하여야 하는가? 기사 08-3, 12-1, 14-1, 19-3, 21-2, 산기 04-3(5점)

○ **계산과정**

부하측 2차 전압 $V_2 = \left(1 + \frac{n_2}{n_1}\right) V_1 = 3000 \times \left(1 + \frac{210}{3000}\right) = 3210 [V]$

부하측 2차 전류 $I_2 = \dfrac{P}{\sqrt{3}\,V_2\cos\theta} = \dfrac{40\times 10^3}{\sqrt{3}\times 3210\times 0.75} = 9.59[\text{A}]$

승압기 1대의 용량 $P_1 = eI_2 = (V_2 - V_1)I_2 = (3210-3000)\times 9.59 = 2013.9[\text{VA}] = 2.01[\text{kVA}]$

○ 정답 : 2.01[kVA]

문제 28. 단권변압기 3대를 사용한 Δ결선 승압기에 의해 45[kVA]인 3상 평형 부하의 전압을 3,000[V]에서 3,300[V]로 승압하는데 필요한 변압기의 총용량은 몇 [kVA]인가? 기사 12-3 (5점)

○ 계산과정: 자기용량 $= \dfrac{V_h^2 - V_\ell^2}{\sqrt{3}\,V_h V_\ell}\times$부하용량 $= \dfrac{3300^2 - 3000^2}{\sqrt{3}\times 3300\times 3000}\times 45 = 4.96[\text{kVA}]$

○ 정답 : 4.96[kVA]

4. 단락사고시 %Z를 이용한 단락전류와 차단기 용량 계산

문제 29. 22.9[kV]/380[V], 500[kVA] 규격의 배전용 변압기가 있다. 이 변압기, %저항이 1.05이고 %리액턴스가 4.92%일 때 2차측 회로의 최대 단락전류는 정격전류의 몇 배가 되는지 구하시오.(단, 전원 및 선로의 임피던스는 무시한다.) 산기 10-2, 14-2, 22-1, 22-3(5점)

○ 계산과정 : %임피던스 $\%Z = \sqrt{1.05^2 + 4.92^2} = 5.03\%$

단락전류 $I_s = \dfrac{100}{\%Z}I_n = \dfrac{100}{5.03}I_n = 19.88 I_n$

○ 정답 : 19.88배

문제 30. 어느 수용가의 수전 전압이 22,900[V]이고 수전점의 3상 단락전류가 7,000[A]인 경우 수전용 차단기의 차단용량은 몇 [MVA]인지 구하시오. 기사 05, 11, 14-1, 17, 18-1, 20-2, 22-2, 23-1(6점), 산기 02-1, 11-1, 15-2(7점)

○ 계산과정 : 차단기의 차단용량

$P_s = \sqrt{3}\,V_n I_s = \sqrt{3}\times 25.8\times 7 = 312.81[\text{MVA}]$

○ 정답 312.81[MVA]

문제 31. 어느 수용가의 공칭 전압 6,600[V], 3상 3선식 수전설비에서의 단락 전류가 8,000[A]인 경우 기준용량[MVA]을 구하고 수전용 차단기의 정격차단용량을 표에서 선정하시오. (단, 단락지점에서 전원측을 바라본 계통의 등가 %임피던스는 58.5[%]이다.) 기사 05, 기사 11-2, 14-1, 18-1, 20-2, 22-2, 산기 15-2(5~7점)

차단기의 정격차단용량[MVA]								
20	30	50	75	100	150	250	300	400

(1) 기준용량

○ 계산과정 : 단락전류 $I_s = \dfrac{100}{\%Z}I_n[\text{A}]$에서 정격전류

$I_n = \dfrac{\%Z}{100}I_s = \dfrac{58.5}{100}\times 8{,}000 = 4{,}680[\text{A}]$

기준용량 $P_n = \sqrt{3}\,V_n I_n = \sqrt{3} \times 6.6 \times 4.680 = 53.50[\text{MVA}]$

○ 정답 : 53.50[MVA]

(2) 차단기 용량

○ 계산과정 : $P_s = \sqrt{3}\,V_s I_s = \sqrt{3} \times 7.2 \times 8.0 = 99.77[\text{MVA}]$

○ 정답 : 100[MVA] 선정

문제 32. 그림과 같은 전력계통에서 차단기 a에서의 단락용량[MVA]를 구하시오.(단, 전력계통에서 각 부분에 대한 %임피던스는 10[MVA]의 기준용량으로 환산한 것이다.) 기사 22-2(5점)

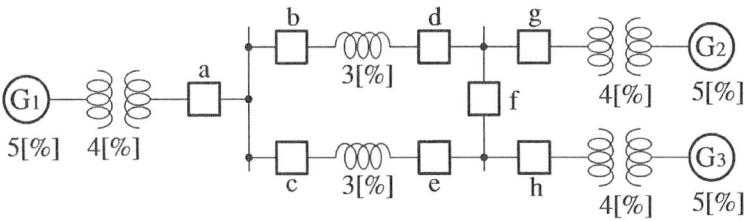

○ 계산과정 : 고장점(a점 기준) 기준으로 합성 $\%Z = (3+4+5) \times \dfrac{1}{2} = 6[\%]$

단락용량 $P_s = \dfrac{100 P_n}{\%Z} = \dfrac{100 \times 10}{6} = 166.67[\text{MVA}]$

○ 정답 : 166.67[MVA]

문제 33. 그림과 같은 계통에서 단락점에 흐르는 단락전류를 구하시오.(단, 선로의 전압은 154[kV], 기준용량은 10[MVA]으로 한다.) 산기 10, 22-3(5점)

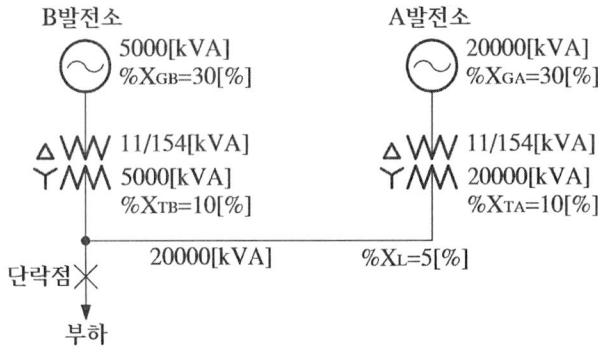

○ 계산과정 : $\%X$를 기준용량 10[MVA]로 환산하면

A측 %X	B측 %X
$\%X_{GA} = 30 \times \dfrac{10}{20} = 15[\%]$	$\%X_{GB} = 30 \times \dfrac{10}{5} = 60[\%]$
$\%X_{TA} = 10 \times \dfrac{10}{20} = 5[\%]$	$\%X_{TB} = 10 \times \dfrac{10}{5} = 20[\%]$
$\%X_L = 5 \times \dfrac{10}{20} = 2.5[\%]$	
$\%X_A = 15 + 5 + 2.5 = 22.5[\%]$	$\%X_B = 60 + 20 = 80[\%]$

$$\%X = \frac{22.5 \times 80}{22.5 + 80} = 17.56[\%]$$

정격전류 $I = \frac{10 \times 10^3}{\sqrt{3} \times 154}[A]$

단락전류 $I_s = \frac{100}{\%X}I_n = \frac{100}{17.56} \times \frac{10 \times 10^3}{\sqrt{3} \times 154} = 213.50[A]$ ○정답 : 213.50[A]

문제 34. 다음의 조건과 임피던스 맵을 보고, 다음 각 물음에 답하시오. 기사 01-2, 02-2, 07-2, 12-2(9~18점)

[조건] • $\%Z_s$: 한전 모선 154[kV] 인출 측의 전원 측 정상임피던스 1.2[%] (100[MVA] 기준)
 • Z_{TL} : 154[kV] 송전 선로의 임피던스 1.83[Ω]
 • 변압기 %Z : $\%Z_{TR1} = 10[\%]$(15[MVA] 기준), $\%Z_{TR2} = 10[\%]$(30[MVA] 기준)
 • 직렬콘덴서 %Z : $\%Z_C = 50[\%]$ (100[MVA] 기준)

[임피던스 맵]

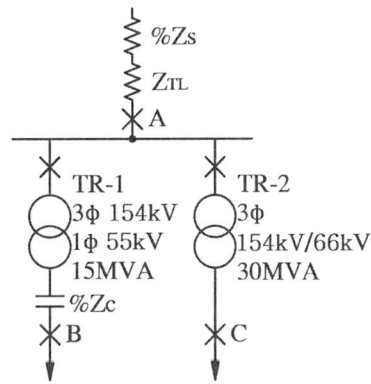

(1) 다음 임피던스의 100[MVA] 기준 %임피던스를 구하시오.
 ○계산과정 : 100[MVA] 기준 %임피던스

① 송전선로 임피던스 : $\%Z_{TL} = \frac{Z_{TL}P_n}{10V^2} = \frac{1.83 \times 100 \times 10^3}{10 \times 154^2} = 0.77[\%]$

② TR_1 변압기 : $\%Z_{TR_1} = \frac{100}{15} \times 10 = 66.67[\%]$

③ TR_2 변압기 : $\%Z_{TR_2} = \frac{100}{30} \times 10 = 33.33[\%]$

○정답 : $\%Z_{TL} = 0.77[\%]$, $\%Z_{TR1} = 66.67[\%]$, $\%Z_{TR2} = 33.33[\%]$

(2) A, B, C 각 점에서의 합성 %임피던스를 구하시오.

① $\%Z_A = 1.2 + 0.77 = 1.97[\%]$

② $\%Z_B = 1.2 + 0.77 + 66.67 - 50(용량성) = 18.64[\%]$

③ $\%Z_C = 1.2 + 0.77 + 33.33 = 35.3[\%]$

○정답 : $\%Z_A = 1.97[\%]$, $\%Z_B = 18.64[\%]$, $\%Z_C = 35.3[\%]$

(3) A, B, C 각 점에서의 차단기의 소요 차단전류는 몇 [kA]가 되겠는가?
(단, 비대칭 분을 고려한 상승계수는 1.6으로 한다.)

① $I_A = \dfrac{100}{\%Z}I_n = \dfrac{100}{1.97} \times \dfrac{100}{\sqrt{3} \times 154} \times 1.6 = 30.45[\text{kA}]$

② $I_B = \dfrac{100}{\%Z}I_n = \dfrac{100}{18.64} \times \dfrac{100}{55(\text{단상})} \times 1.6 = 15.61[\text{kA}]$

③ $I_C = \dfrac{100}{\%Z}I_n = \dfrac{100}{35.3} \times \dfrac{100}{\sqrt{3} \times 66} \times 1.6 = 3.96[\text{kA}]$

○ 정답 : $I_A = 30.45[\text{kA}]$, $I_B = 15.61[\text{kA}]$, $I_C = 3.96[\text{kA}]$

문제 35. 그림과 같은 송전계통 S점에서 3상 단락 사고가 발생하였다. 주어진 도면과 조건을 참고하여 다음 각 물음에 답하시오. 기사 94, 03, 05-1, 07-1, 11-3, 13-2, 18-2, 20-2, 23-2(14점)

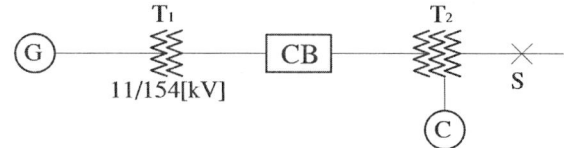

[조건]

번호	기기명	용량	전압	%X
1	G : 발전기	50,000[kVA]	11[kV]	25
2	T_1 : 변압기	10,000[kVA]	11/154[kV]	10
3	송전선		154[kV]	8(10,000[kVA])
4	T_2 : 변압기	1차 25000[kVA]	154[kV]	12(25,000[kVA] 기준, 1차-2차)
		2차 30000[kVA]	77[kV]	16(25,000[kVA] 기준, 2차-3차)
		3차 10000[kVA]	11[kV]	9.5(10,000[kVA]기준, 3차-1차)
5	C : 조상기	10,000[kVA]	11[kV]	15

(1) 변압기 T_2의 % 임피던스를 1-2차간, 2-3차간, 3-1차간의 % 임피던스(기준 출력 10[MVA])로 환산하시오.

구분	계산과정	정답
1-2차간	$\%Z_{12} = 12 \times \dfrac{10}{25} = 4.8[\%]$	$\%Z_{12} = 4.8[\%]$
2-3차간	$\%Z_{23} = 16 \times \dfrac{10}{25} = 6.4[\%]$	$\%Z_{23} = 6.4[\%]$
3-1차간	$\%Z_{31} = 9.5[\%]$	$\%Z_{31} = 9.5[\%]$

(2) 변압기 T_2의 각각의 %리액턴스를 1차($\%Z_1$), 2차($\%Z_2$), 3차($\%Z_3$)의 %임피던스를 구하시오.
○ 계산과정 : 콜라우슈 브리지법에 의한 등가 %임피던스로 계산한다.

계산과정	정답
$\%Z_1 = \dfrac{1}{2}(4.8 + 9.5 - 6.4) = 3.95[\%]$	$\%Z_1 = 3.95[\%]$
$\%Z_2 = \dfrac{1}{2}(4.8 + 6.4 - 9.5) = 0.85[\%]$	$\%Z_2 = 0.85[\%]$
$\%Z_3 = \dfrac{1}{2}(9.5 + 6.4 - 4.8) = 5.55[\%]$	$\%Z_3 = 5.55[\%]$

(3) 고장점 S에서 바라본 전원 측의 % 합성 임피던스를 구하시오.(용량 10[MVA]로 %임피던스를 각각 환산한다.)

구분	계산과정	정답
발전기 G	$\%Z_G = 25 \times \dfrac{10}{50} = 5[\%]$	12.51[%]
변압기 T_1	기준용량이 같으므로 10[%]	
송전선	기준용량이 같으므로 8[%]	
변압기 T_2	(2)번항에서 계산한 값 $\%Z_1 = 3.95[\%]$, $\%Z_2 = 0.85[\%]$, $\%Z_3 = 5.55[\%]$	
조상기	기준용량 같으므로 15[%]	
전체 %합성임피던스	$\%Z = \dfrac{(5+10+8+3.95)\times(5.55+15)}{(5+10+8+3.95)+(5.55+15)} + 0.85 = 12.51[\%]$	

(4) 고장점의 단락용량은 몇 [MVA]인가?

$P_s = \dfrac{100}{\%Z} \times P_n = \dfrac{100}{12.51} \times 10[\text{MVA}] = 79.94[\text{MVA}]$

(5) 고장점의 단락전류를 구하시오.

• 고장 점의 단락전류 : $I_s = \dfrac{100}{\%Z} \times I_n = \dfrac{100}{12.51} \times \dfrac{10{,}000}{\sqrt{3}\times 77} = 599.36[\text{A}]$

○ 정답 : 599.36[A]

[해설] (3) 등가 회로

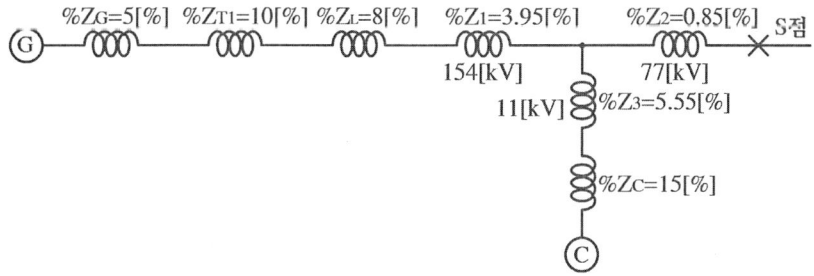

5. 권상기 소요동력

문제 36. 중량 2000[kg]의 물체를 매분 40[m]의 속도로 권상하는 것에 필요한 권상기용 전동기의 정격출력[kW]을 계산하시오. 단, 권상기의 효율은 80[%]이고, 여유도는 30[%]로 한다. 기사 13-2, 15-2(5점), 산기 10-2, 11-2, 15-1, 15-2, 22-3(5점)

○ 계산과정 $P = \dfrac{WV}{6.12\eta}K = \dfrac{2\times 40}{6.12\times 0.8}\times 1.3 = 21.24[\text{kW}]$

○ 정답 : 21.24[kW]

[해설] 권상기용 전동기 출력 : $P = \dfrac{WV}{6.12\eta}[\text{kW}]$

○ 분당 권상 속도 : $V = \pi DN[\text{m/min}]$, $D[\text{m}]$: 직경, $W[\text{ton}]$: 중량, η : 효율

문제 37. 권상기용 전동기의 출력이 60[kW]이고, 분당 회전속도가 900[rpm]일 때, 그림을 참고하여 물음에 답하시오. (단, 기중기의 기계 효율은 90[%]이다.) 기사 04, 09-2, 산기 05-3(6점)

(1) 권상 속도는 몇 [m/min]인가?

권상속도 : $V = \pi DN = \pi \times 0.6 \times 900 = 1696.46 [m/min]$

(2) 권상기의 권상 중량은 몇 [kg]인가?

$W = \dfrac{6.12 P \eta}{V} = \dfrac{6.12 \times 60 \times 0.9}{1696.46} \times 1000 = 194.81 [kg]$

문제 38. 그림과 같은 2:1 로핑의 기어리스 엘리베이터에서 적재하중은 1000[kg], 속도는 140[m/min]이다. 구동로프 바퀴의 직경은 760[mm]이며, 기체의 무게는 기체의 무게는 1,500[kg]인 경우 다음 각 물음에 답하시오. (단, 평형율은 0.6, 엘리베이터 효율은 기어리스에서 1:1 로핑인 경우 85[%], 2:1 로핑인 경우는 80[%]이다) 기사 09-3, 20-3(6점)

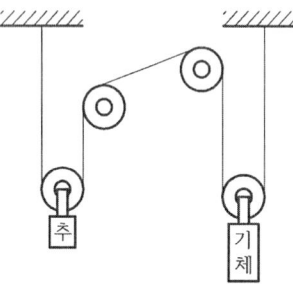

(1) 전동기의 회전수는 몇 [rpm]인지 계산하시오.
ㅇ계산과정 : 전동기 회전수

- 2:1 로핑 : 로프 장력 = $\dfrac{1}{2}$×부하 측 장력, 부하 측 속도 = $\dfrac{1}{2}$×로프 속도
- 로프 속도 : 케이지 속도 150[m/min]일 때 로프 속도 $V = 300 [m/min]$
- 로프 속도 : $V = \pi DN [m/min]$
- 로프 속도는 2:1 로핑이므로 140[m/min]×2 = 280[m/min]

$N = \dfrac{V}{\pi D} = \dfrac{280}{\pi \times 0.76} = 117.27 [rpm]$ ㅇ정답 : 117.27 [rpm]

(2) 권상 소요 동력은 몇 [kW]인지 계산하시오.

권상기 출력 $P = \dfrac{WV \times 평형률}{6.12 \eta} = \dfrac{1000 \times 10^{-3} \times 140 \times 0.6}{6.12 \times 0.8} = 17.16 [kW]$

ㅇ정답 : 17.16 [kW]

문제 39. 지표면상 10[m] 높이에 수조가 있다. 이 수조에 초당 1[m³]의 물을 양수하는데 펌프용 전동기에 3상 전력을 공급하기 위해서 단상 변압기 2대를 V 결선하였다. 펌프 효율이 80[%]이고, 펌프 축동력에 20[%]의 여유를 주는 경우 다음 각 물음에 답하시오. (단, 펌프용 3상 유도전동기 역률을 90[%]로 가정한다.) 기사 08-1, 10-3, 11-1, 12-1, 16-2, 17-2, 22-2, 24-1, 산기 10-3,

12-1, 12-2, 16-2, 18-1, 21-3, 24-3, 25-1(3~6점)

(1) 펌프용 전동기의 소요 동력은 몇 [kW] 인가?

$$P = \frac{9.8QHK}{\eta} = \frac{9.8 \times 1 \times 10 \times 1.2}{0.8} = 147[kW]$$ ○정답 : 147[kW]

(2) 변압기 1대의 용량은 몇 [kVA]인가?

$$P_a = \frac{9.8QHK}{\eta \times \cos\theta} = \frac{9.8 \times 1 \times 10 \times 1.2}{0.8 \times 0.9} = 163.33[kVA]$$

변압기 1대 정격용량 : $P_1 = \frac{163.33}{\sqrt{3}} = 94.3[kVA]$ ○정답 : 94.3[kVA]

6. 발전소 출력

문제 40. 정격출력 500[kW]의 디젤엔진 발전기를 발열량 10000[kcal/L]인 중유 250[L]을 사용하여 $\frac{1}{2}$부하에서 운전하는 경우 몇 시간동안 운전이 가능한지 구하시오. (단, 발전기의 열효율을 34.4%로 한다.) 기사 16, 18-3(5점)

○ 계산과정 : 발전소의 열효율 $\eta = \frac{860W}{mH} = \frac{860Pt}{mH}$ 에서

시간 $t = \frac{mH\eta}{860P \times \frac{1}{2}} = \frac{250 \times 10000 \times 0.344}{860 \times 500 \times \frac{1}{2}} = 4$시간 ○정답 :4시간

문제 41. 디젤 발전기를 5시간 전부하 운전할 때 연료 소비량이 $300[kg]$ 이었다. 이 발전기의 정격 출력은 몇 [kVA]인가? 단, 중유의 열량은 $10000[kcal/kg]$, 기관 효율 $40[\%]$, 발전기 효율 $85[\%]$, 전부하시 발전기 역률 $80[\%]$ 이다. 기사 10-1, 12-3, 산기 08-2, 11-2(5점)

○계산과정 : 발전기 출력 $P = \frac{mH\eta_t\eta_g}{860t\cos\theta} = \frac{300 \times 10,000 \times 0.4 \times 0.85}{860 \times 5 \times 0.8} = 296.51[kVA]$

○정답 : 정격출력 296.51[kVA]

문제 42. 유효낙차 100[m], 최대사용 수량 10[㎥/sec]의 수력발전소에 발전기 1대를 설치하는 경우 적당한 발전기의 용량(kVA)을 구하시오. 기사 15-3(5점)
(단, 수차와 발전기의 종합효율 및 부하역률은 각각 85%로 한다.)

○ 계산과정 : 수력 발전소의 출력

$$P = 9.8QH \times 효율[kW] = \frac{9.8QH \times 효율}{\cos\theta}[kVA] = \frac{9.8 \times 10 \times 100 \times 0.85}{0.85} = 9,800[kVA]$$

○정답 : 9,800[kVA]

문제 43. 최대 출력 $400[kW]$의 발전기가 일부하율 $40[\%]$로 운전하고 있다. 연료의 발열량은 $9,600[kcal/L]$, 열효율은 $36[\%]$라고 한다면, 이 발전기가 하루에 소비하는 연료 소비량은 몇 [L]인지 구하시오.기사 13-3, 22-3(5점), 유사문제 기사 16, 18-3(5점),

○ 계산과정 : $\eta = \dfrac{860\,Pt \times 부하율}{mH} \times 100[\%]\,(\cdot m[L]:연료량,\ \cdot H[kcal/L])$

연료량 $m = \dfrac{860\,Pt \times 부하율}{H\eta} = \dfrac{860 \times 400 \times 24 \times 0.4}{9{,}600 \times 0.36} = 955.56[L]$

○ 정답 : 955.56[L]

[해설] 발전소의 열효율 $\eta = \dfrac{전력량\ 발열량}{연료량\ 발열량} \times 100[\%]$

$1[kWh] = 860[kcal]$이므로 전력량 발열량 $H = 860 \times 전력 \times 시간 \times 부하율 [kcal]$

문제 44. 회전날개의 직경이 31[m]이고 풍속이 16.5[m/sec]일 때 풍력발전기의 에너지를 구하시오.(단, 공기밀도는 $1.225[kg/m^3]$이다.) 기사 12-2, 23-1(5점)

○ 계산과정

풍력발전기 날개의 면적 $A = \dfrac{\pi D^2}{4} = \dfrac{\pi \times 31^2}{4}[m^2]$

풍력 발전기 출력

$P = \dfrac{1}{2} \times 상대공기밀도 \times AV^3$

$= \dfrac{1}{2} \times 1.225 \times \dfrac{\pi \times 31^2}{4} \times 16.5^3 = 2{,}076{,}687.72[W] = 2{,}076.69[kW]$

○ 정답 : 2,076.69[kW]

[해설] 풍력발전 출력 $P = \dfrac{1}{2}\rho AV^3[W]$

여기서, $\rho[kg/m^3]$: 공기 밀도, $A = \pi r^2[m^2]$: 공기 흐름 단면적(r : 회전자인 풍차 반경)

$V[m/sec]$: 풍속

제4장. 조명설계와 예비전원 설비 기출문제

1. 조명설계

문제 1. 조명설비에서 전력을 절약하는 효율적인 방법에 대해 5가지만 쓰시오. 기사 08-1, 10-3, 산기 13-1(5점)
○정답
① 고효율 광원의 이용
② 고역률 광원의 이용
③ 고조도 저휘도 반삿갓 채택
④ 적절한 조명방식 및 조광장치 채택
⑤ 노후된 광원의 보수 및 조기 교환, 청소

문제 2. 다음 건축화 조명에 대한 물음에 답하시오.
(1) 설계자가 크기, 형상 등 전체적인 조화를 생각하여 형광등기구를 벽면 상방모서리에 숨겨서 설치하는 방식으로서 기구로부터 빛이 직접 벽면을 조명하는 건축화 조명의 명칭을 쓰시오. 기사 90, 20-1(3점) ○정답 : 코니스 조명

(2) 건축물의 천장이나 벽 등을 조명기구 겸용으로 마무리하는 건축화 조명이 최근 많이 시공되고 있다. 옥내조명설비(KDS 31 70 :2019)에 따른 건축화 조명의 종류 4가지만 작성하시오. 산기 12-2, 18-3, 20-1, 20-4(5점)
다운라이트, 핀홀 라이트, 코퍼 라이트, 광천장 조명
해설:건축화 조명
:건축물의 천장이나 벽을 조명기구 겸용으로 마무리하는 방식
○천장면 이용방식 : 매입형광등, 라인라이트, 다운라이트,, 핀홀 라이트, 코퍼 라이트, 광천장 조명
○벽면 이용방식 : 코너조명, 코니스 조명, 밸런스 조명, 광창 조명

문제 3. 조명설비에 대한 다음 각 물음에 답하시오. 기사 99, 01-1, 04-2, 04-3(6~7점)
(1) 배선도면에 ◯H400 으로 표현되어 있다. 이것의 의미를 쓰시오.
○ 정답 : 400[W] 수은등

(2) 비상용 조명을 건축기준법에 따른 형광등으로 하고자 할 때 이것을 일반적인 경우의 그림기호로 표시하시오.   ○ 정답 : ■●■

(3) 평면이 15[m]×10[m]인 사무실에 40[W], 전광속 2500[lm]인 형광등을 사용하여 평균조도를 300[lx]로 유지하도록 설계하고자 한다. 이 사무실에 필요한 형광 등수를 산정하시오. (단, 조명률은 0.6이고, 감광보상률은 1.3이다.)
○계산과정 : 전등수 $N = \dfrac{ESD}{FU} = \dfrac{300 \times (15 \times 10) \times 1.3}{2500 \times 0.6} = 39[등]$
○정답 : 39등

문제 4. 그림과 같은 점광원으로부터 수직거리가 4[m]인 바닥 원형면 평균조도가 100[lx]일 때 원형면 위에 이 점광원의 평균 광도[cd]는 얼마인가 ? 기사 17-3, 23-2, 산기 17-3, 22-1(5점)

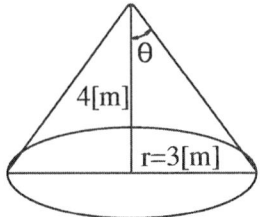

계산과정 :평균 광도 $I = \dfrac{Er^2}{2(1-\cos\theta)} = \dfrac{100 \times 3^2}{2\left(1-\dfrac{4}{5}\right)} = \dfrac{100 \times 3^2}{2 \times \dfrac{1}{5}} = \dfrac{4500}{2} = 2250[cd]$

정답 : 2250[cd]

문제 5. 냉각탑 플랫폼 위 일직선 상 양쪽에 자립형 등기구가 하나씩 설치되어 있다. 냉각탑 팬 모터 중앙의 수평면 조도 [lx]를 구하시오. 기사 21-3(5점)

[조건]
- 광원의 높이 : 2.5[m]
- 냉각탑 플랫폼 크기 : 가로 8[m], 세로 3[m]
- 광원에서 중앙 방향으로의 광도 270[cd]

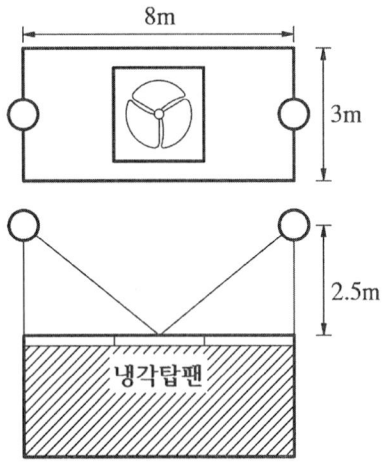

○계산과정 :냉각탑 팬 양쪽으로 등기구 2개가 있으므로

수평면 조도 $E_h = 2 \times E_n \cos\theta = 2 \times \dfrac{I}{R^2}\cos\theta = 2 \times \dfrac{270}{(\sqrt{4^2+2.5^2})^2} \times \dfrac{2.5}{\sqrt{4^2+2.5^2}} = 12.86[lx]$

○정답 : 12.86[lx]

$R = \sqrt{4^2+2.5^2}\,[m]$

문제 6. 그림과 같이 높이 5[m]의 점에 있는 LED 다운라이트에서 광도 12,500[cd]의 빛이 수평거리 7.5[m]의 점 P에 주어지고 있다. 다음 각 물음에 답하시오. 기사 07-3, 10-1, 11-1, 13-3, 17-1, 21-3, 22-3(4점), 유사문제 산기 14-2, 18-3, 19-1, 22-3(5점)

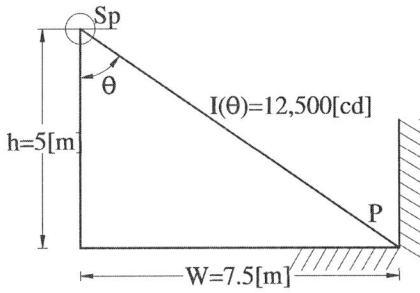

(1) P점의 수평면 조도를 구하시오

○ 계산과정 : 빗변의 길이 $R = \sqrt{7.5^2 + 5^2} = \sqrt{81.25}\,[\text{m}]$

$\cos\theta = \dfrac{5}{\sqrt{5^2 + 7.5^2}} = \dfrac{5}{\sqrt{81.25}}$

수평면 조도 $E_h = \dfrac{I}{R^2}\cos\theta = \dfrac{12{,}500}{81.25} \times \dfrac{5}{\sqrt{81.25}} = 85.34\,[\text{lx}]$ ○ 정답 : 85.34[lx]

(2 P점의 수직면 조도를 구하시오

○ 계산과정 : $\sin\theta = \dfrac{7.5}{\sqrt{81.25}}$

수직면 조도 $E_v = E_n \sin\theta = \dfrac{I}{R^2}\sin\theta = \dfrac{12{,}500}{81.25} \times \dfrac{7.5}{\sqrt{81.25}} = 128.01\,[\text{lx}]$

○ **정답** : 128.01[lx]

[해설] 법선 조도 : $E_n = \dfrac{I}{R^2}\,[\text{lx}]$

수평면 조도 $E_h = E_n \cos\theta = \dfrac{I}{R^2}\cos\theta\,[\text{lx}]$

수직면 조도 $E_v = E_n \sin\theta = \dfrac{I}{R^2}\sin\theta\,[\text{lx}]$

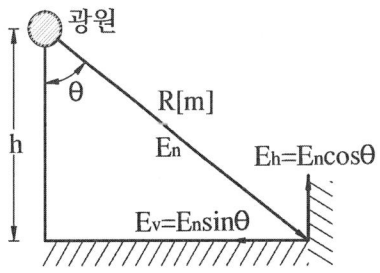

문제 7. 그림과 같이 완전 확산형 조명기구가 있다. A 점에서의 수평면 조도를 구하시오.(단, 각 조명기구의 광도는 $1000\,[\text{cd}]$이다.)유사문제 산기 14-2, 18-3, 19-1, 22-3(5점)기사 07-3, 10-1, 13-3, 17-1, 21-3, 22-3(4점)

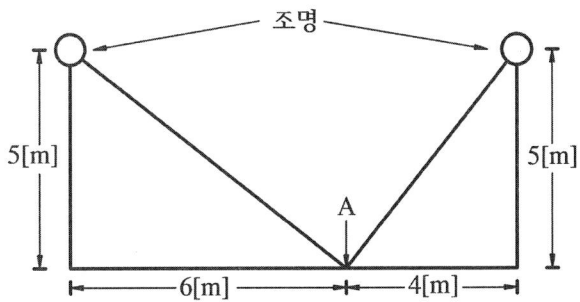

○ **계산과정** : 조명이 2개이므로 E_1(왼쪽 수평면 조도)와 E_2(오른쪽 수평면 조도)의 합으로 계산하면 된다.

빗변의 길이 $R_1 = \sqrt{6^2+5^2} = \sqrt{61}\,[\text{m}]$, $R_2 = \sqrt{4^2+5^2} = \sqrt{41}\,[\text{m}]$

$E = E_1 + E_2 = \dfrac{I}{R_1^{\,2}}\cos\theta_1 + \dfrac{I}{R_2^{\,2}}\cos\theta_2 = \dfrac{1000}{61}\times\dfrac{5}{\sqrt{61}} + \dfrac{1000}{41}\times\dfrac{5}{\sqrt{41}} = 29.54\,[\text{lx}]$

○정답 : $29.54\,[\text{lx}]$

문제 8. 가로 10[m], 세로 16[m], 천장 높이 3.85[m], 작업면 높이 0.85[m]인 사무실에 천장 직부 형광등 F40×2를 설치하려고 한다. 기사 94, 00-2, 01-2, 02-3, 05-2, 06, 12-2, 15-1, 16-1, 20-4, 산기 02-1, 13-1(5~8점)

(1) F40×2의 심벌을 그리시오.　　　　　　　　　　　　　○정답 : ▭◯▭ F40×2

(2) 이 사무실의 실지수는 얼마인가?

실지수 $G = \dfrac{XY}{H(X+Y)} = \dfrac{10\times 16}{(3.85-0.85)\times(10+16)} = 2.05$　　○정답 2.05

(3) 이 사무실의 작업면 조도를 300[lx], 천장 반사율 70[%], 벽 반사율 50[%], 바닥 반사율 10[%], 40[W] 형광등 1등의 광속 3500[lm], 보수율 70[%], 조명율 63[%]로 한다면 이 사무실에 필요한 소요 등기구수는 몇 등인가?

등기구의 소요등수 $N = \dfrac{ESD}{FU} = \dfrac{300\times(10\times 16)\times\dfrac{1}{0.7}}{(3500\times 2)\times 0.63} = 15.55$

○정답 : 16등

문제 9. 다음과 같은 실내체육관에 조명 설계를 계획하고 있다. 주어진 설계조건과 참고자료를 이용하여 다음 각 물음에 답하시오.(단, 기타 주어지지 않은 조건은 무시한다.) 기사 94, 00-2, 01, 15-1, 16-1, 20-4, 21-3, 산기 01-2, 01, 06, 20-4 (10~13점)

[설계조건]
- 체육관 면적 : 가로 32[m], 세로 20[m]
- 작업면에서 광원까지의 높이: 6[m]
- 실내필요조도 : 500[lx]
- 반사율 : 천장 75%, 벽 50%, 바닥 10%
- 광원 : 직접조명 기구로 고천장 LED 형광등 160[W], 광효율 123[lm/W], 상태양호
- 벽을 이용하지 않는 경우 등과 벽 사이 간격 $S_o \leq 0.5H$

[참고 자료 1]

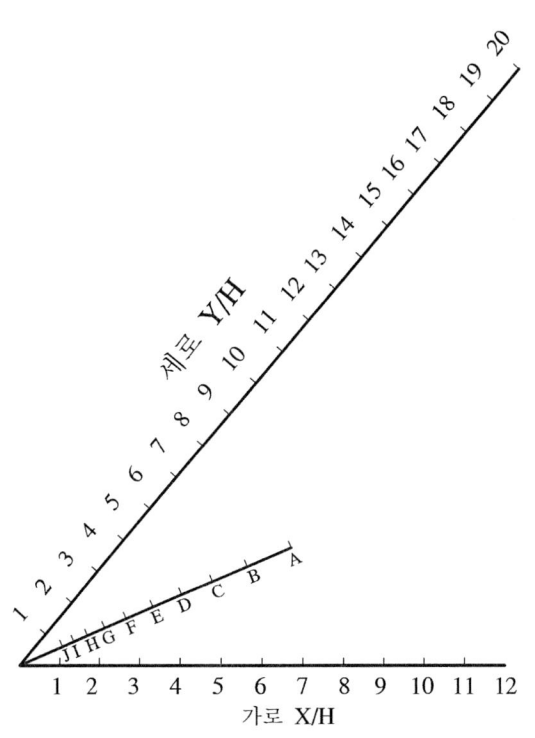

[참고 자료 2] 실지수 분류 기호

기 호	A	B	C	D	E	F	G	H	I	J
실지수	5.0	4.0	3.0	2.5	2.0	1.5	1.25	1.0	0.8	0.6
범 위	4.5 이상	4.5 ~ 3.5	3.5 ~ 2.75	2.75 ~ 2.25	2.25 ~ 1.75	1.75 ~ 1.38	1.38 ~ 1.12	1.12 ~ 0.9	0.9 ~ 0.7	0.7 이하

[참고 자료 3] 조명률, 감광 보상률 및 설치 간격

번호	배광 / 설치간격	조명기구	감광보상률 (D) 보수 상태 양 중 부	반사율 실지수	천장 벽	0.75 0.5	0.75 0.3	0.75 0.1	0.50 0.5	0.50 0.3	0.50 0.1	0.30 0.3	0.30 0.1
								조명률 U[%]					
(1)	반간접 0.25 0.55 $S \leq H$		전 구 1.3 / 1.4 / 1.5 형광등 1.4 / 1.7 / 1.8	J0.6 I0.8 H1.0 G1.25 F1.5 E2.0 D2.5 C3.0 B4.0 A5.0		26 33 36 40 43 47 51 54 57 59	22 28 32 36 39 44 47 49 53 55	19 26 30 33 35 40 44 45 50 52	24 30 33 36 39 43 46 48 51 53	21 26 30 33 35 39 42 44 47 49	18 24 28 30 33 36 40 42 45 47	19 25 28 30 33 36 39 42 43 47	17 23 26 29 31 34 37 38 41 43
(2)	직접 0 0.75 $S \leq 1.5H$		전 구 1.3 / 1.4 / 1.5 형광등 1.4 / 1.7 / 2.0	J0.6 I0.8 H1.0 G1.25 F1.5 E2.0 D2.5 C3.0 B4.0 A5.0		34 43 47 50 52 58 62 64 67 68	29 38 43 47 50 55 58 61 64 66	26 35 40 44 47 52 56 58 62 64	32 39 41 44 46 49 52 54 55 56	29 36 40 43 44 48 51 52 53 54	27 35 38 41 43 46 49 51 52 53	29 36 40 42 44 47 50 51 52 54	27 34 38 41 43 46 49 50 52 52

(1) 분류기호 표를 이용하여 실지수 기호를 구하시오.

광원 높이 : $H = 6[m]$

실지수 : $G = \dfrac{XY}{H(X+Y)} = \dfrac{32 \times 20}{6 \times (32+20)} = 2.05$ 이고 [참고자료2] 실지수 분류기호 범위 2.25~1.75에 있으므로 기호는 E가 된다. ○ 정답 : E

(2) 실지수 도표를 이용하여 실지수 기호를 구하시오.

$\dfrac{X}{H} = \dfrac{32}{6} = 5.33$, $\dfrac{Y}{H} = \dfrac{20}{6} = 3.33$ 이고 [참고자료1]에서 가로축 5.33과 세로축 3.33을 직선으로 그으면 실지수 기호는 E가 된다. ○ 정답 : E

(3) 조명률을 구하시오.

조건에서 천장반사율 75%, 벽 반사율 50%이므로
[참고자료3]에서 (2)번란의 직접조명이므로 실지수 E 2.0과 만나는 란을 찾으면 조명률은 58%가 된다. ○ 정답 : 58%

(4) 소요 등수를 구하시오.

[참고자료3]에서 (2)번란의 직접조명이고 조건에서 상태양호이므로 감광보상률은 1.4가 된다.

광속 $F[lm]$ = 광효율 × $[W]$수

소요등수 $N = \dfrac{ESD}{FU} = \dfrac{500 \times (32 \times 20) \times 1.4}{123 \times 160 \times 0.58} = 39.25$ 등 ○ 정답 : 40등

(5) 실내체육관 LED 형광등기구의 최소 분기회로수를 구하시오. (단, LED 형광등기구의 사용전압은 단상 220[V]이고 분기회로는 16[A]로 한다.)

분기회로수 = $\dfrac{160[W] \times 40 등}{220[V] \times 16[A]} = 1.82$ ○ 정답 : 2회로

(6) ①광원과 광원 사이의 최대 간격과 ②벽과 광원 사이의 최대 간격(벽을 이용하지 않는 경우)을 구하시오.

① $S \leq 1.5H = 1.5 \times 6 = 9[m]$ ○ 정답 : 9[m]
② $S \leq 0.5H = 1.5 \times 6 = 3[m]$ ○ 정답 : 3[m]

문제 10. 평면이 가로 20[m], 세로 10[m]인 직사각형 형태의 사무실이 있다. 이 사무실의 평균조도를 200[lx]로 하고자 할 때 주어진 조건을 이용하여 다음 각 물음에 답하시오. 기사 99, 04-2, 05-3, 14-2, 22-3(4~9점)

- 형광등은 40[W]를 사용하며, 이 형광등의 광속은 2500[lm]으로 한다.
- 조명률은 0.6, 감광보상률은 1.2로 한다.
- 사무실 내부에 기둥은 없는 것으로 한다.
- 간격은 등기구 센터를 기준으로 한다.
- 등기구는 ○으로 표현하도록 한다.

(1) 이 사무실에 필요한 형광등의 수를 구하시오.

○ 계산과정 : $N = \dfrac{EAD}{FU} = \dfrac{200 \times 20 \times 10 \times 1.2}{2500 \times 0.6} = 32[등]$

○ 정답 : 32등

(2) 주어진 평면도에 등기구를 배치하시오.

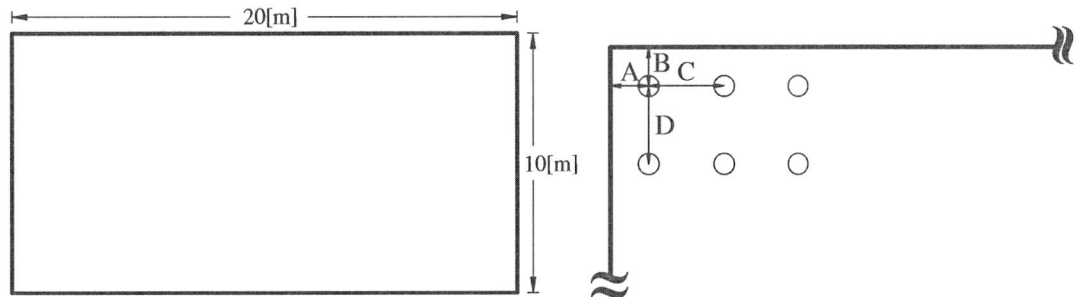

○ 정답

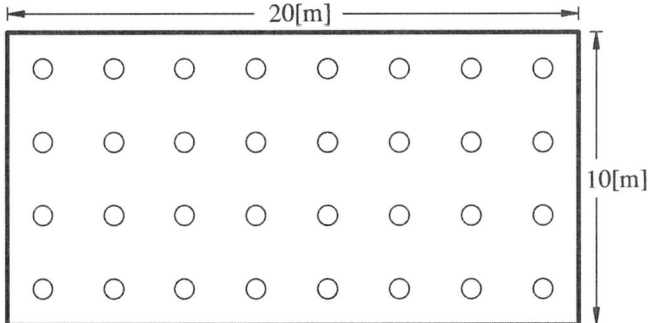

(3) 등간의 간격과 최외각에 설치된 등기구와 건물 벽간의 간격(A, B, C, D)은 각각 몇 [m]인가?
 ○ A : 1.25[m]   ○ B : 1.25[m]   ○ C : 2.5[m]   ○ D : 2.5[m]

(4) 만일 주파수 60[Hz]에 사용하는 형광방전등을 50[Hz]에서 사용한다면 광속과 점등시간은 어떻게 변화되는지를 설명하시오.
 ○ 광속 : 증가   ○ 점등시간 : 늦음

(5) 양호한 전반 조명이라면 등간격은 등높이의 몇 배 이하로 해야 하는가?
 ○ 정답 : 1.5배

2. 예비전원설비

문제 11. 다음 그림을 보고 축전지 용량[Ah]을 구하시오 기사 95, 02, 03, 15, 17-1, 20-1(, 산기 00-2, 00-4, 03-1, 04-1, 12-3, 23-1(6점)

(1) $I_1 = 500[A]$, $I_2 = 300[A]$, $I_3 = 100[A]$, $I_4 = 200[A]$,
보수율 0.8, 시간 계수 $K_1 = 2.49$, $K_2 = 2.49$, $K_3 = 1.46$, $K_4 = 0.57$
시간 $T_1 = 120$분, $T_2 = 199.9$분, $T_3 = 60$분, $T_4 = 1$분인 경우 축전지 용량을 구하시오.

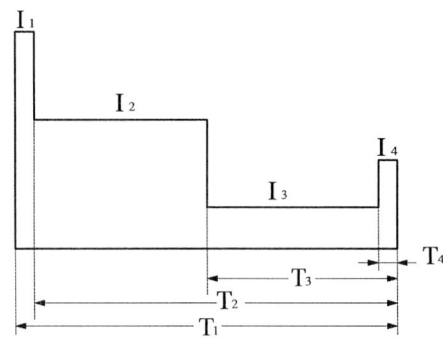

○ 계산과정 : 축전지 용량 $C = \dfrac{1}{L}[K_1 I_1 + K_2(I_2 - I_1) + K_3(I_3 - I_2) + K_4(I_4 - I_3)]$

$= \dfrac{1}{0.8}\{(2.49 \times 500 + 2.49 \times (300-500) + 1.46(100-300) + 0.57(200-100)\} = 640[Ah]$

○ 정답 : 640[Ah]

(2) 연축전지 정격 방전 시간　　　　　　　　　　○ 정답 : 10시간
(3) 연축전지의 공칭전압은 몇 [V/셀]인가?　　　　○ 정답 : 2.0[V/cell]

(4) 예비전원으로 시설되는 축전지로부터 부하에 이르는 전로에는 개폐기와 또 무엇을 설치하는지 쓰시오.　　　　　　　　　　　　　　　　　　　　○ 정답 : 과전류 차단기

문제 12. 다음과 같은 규모의 아파트단지를 계획하고 있다. 주어진 조건을 이용하여 다음 각 물음에 답하시오. 기사 04-2, 08-3, 12-2, 20-4, 24-1(20점)

[규모]
• 아파트 동 수 및 세대 수는 2개 동, 300 세대이며, 세대 당 면적과 세대수는 다음과 같다.
• 계단, 복도, 지하실 등의 공용면적은 1동 1700[m²], 2동 1700[m²]이다.

동별	세대 당 면적[m²]	세대 수	동 별	세대 당 면적[m²]	세대 수
1동	50	30	2동	50	50
	70	40		70	30
	90	50		90	40
	110	30		110	30

[조건]
• 면적의 [m²]당 상정부하는 다음과 같다
　아파트 : 30[VA/m²], 공용면적 부분 : 7[VA/m²]
• 세대 당 추가로 가산하여야 할 피상전력[VA]은 다음과 같다.

80[m^2]이하의 세대 : 750[VA], 150[m^2] 이하인 경우 : 1000[VA]
- 아파트 동별 수용률은 다음과 같다.
 70세대 이하인 경우 : 65[%], 100세대 이하인 경우 : 60[%]
 150세대 이하인 경우 : 55[%], 200세대 이하인 경우 : 50[%]
- 공용 부분의 수용률은 100[%]로 한다.
- 모든 계산은 피상전력을 기준으로 한다.
- 역률은 100[%]로 계산한다.
- 주 변전실로부터 1동까지는 150[m]이며, 동 내부의 전압강하는 무시한다.
- 각 세대의 공급방식은 110/220[V]의 단상 3선식으로 한다.
- 변전실의 변압기는 단상변압기 3대로 구성한다.
- 1동, 2동 간 부등률은 1.4로 한다.
- 주 변전실에서 각 동까지의 전압강하는 3[%]로 한다.
- 이 아파트 단지의 수전은 13200/22900V-Y의 3상4선식 계통에서 수전한다.
- 사용설비에 의한 계약전력은 사용설비의 개별입력의 합계에 대하여 다음표의 계약전력 환산율을 곱한 것으로 한다.

구분	계약전력 환산율	비고
처음 75[kW]에 대하여	100[%]	계산의 합계치 단수가 1[kW] 미만일 경우 소수점 이하 첫째 자리에서 반올림할 것.
다음 75[kW]에 대하여	85[%]	
다음 75[kW]에 대하여	75[%]	
다음 75[kW]에 대하여	65[%]	
300[kW] 초과분에 대하여	60[%]	

(1) 1동의 상정부하는 몇[VA]인가?

1동 상정부하= $(50 \times 30 \times 30 + 70 \times 30 \times 40 + 90 \times 30 \times 50 + 110 \times 30 \times 30)$
$+ (30 \times 750 + 40 \times 750 + 50 \times 1000 + 30 \times 1000) + (7 \times 1700) = 507,400$[VA]

○정답 : 507,400[VA]

(2) 2동의 수용부하는 몇[VA]인가?

2동 상정 부하= $(50 \times 30 \times 50 + 70 \times 30 \times 30 + 90 \times 30 \times 40 + 110 \times 30 \times 30)$
$+ (50 \times 750 + 30 \times 750 + 40 \times 1000 + 30 \times 1000) + (7 \times 1700) = 486,900$[VA]

2동 수용 부하 = $(345000 + 130000) \times 0.55 + 11900 = 273,150$[VA]

○정답 : 273,150[VA]

(3) 1, 2동에 전기를 공급하는 변압기 용량을 계산하기 위한 부하는 몇 [kVA]인가?

1동 수용부하= $(363000 + 132500) \times 0.55 + 11900 = 284,425$[VA]

합성부하용량= $\dfrac{\sum \text{최대수용전력}}{\text{부등률}} = \dfrac{284,425 + 273,150}{1.4} \times 10^{-3} = 398.27$[kVA]

○정답 : 398.27[kVA]

(4) 이 단지의 변압기는 단상 몇[kVA]짜리 3대를 설치하여야 하는가? 단, 변압기 용량은 10[%]의 여유를 주도록 하며, 단상변압기의 표준용량은 50, 75, 100, 150, 200, 300[kVA] 등이다.

단상변압기 용량 = $\dfrac{398.27}{3} \times 1.1 = 146.03$[kVA] ○정답 : 150[kVA]

(5) 한국전력공사와 변압기 설비에 의하여 계약한다면 몇 [kW]로 계약하여야 하는가?

변압기 설비에 의한 계약 최대전력 $= 150 \times 3 = 450 [\text{kW}]$ ○ 정답 : 450[kW]

(6) 한국전력공사와 사용 설비에 의하여 계약한다면 몇 [kW]로 계약하여야 하는가?

부하 사용설비에 의한 계약 최대전력

① 설비용량 $= 507.4 + 486.9 = 994.3 [\text{kVA}]$

② 계약 전력 $= 75 + 75 \times 0.85 + 75 \times 0.75 + 75 \times 0.65 + 694.3 \times 0.6 = 660.33 [\text{kW}]$

○ 정답 : 660[kW]

[해설] 아파트 부하 조사표

동	세대면적	세대수	표 준 부 하[VA]	가 산 부 하[VA]	공용부하[VA]
1동	50	30	$50 \times 30 \times 30 = 45000$	$30 \times 750 = 22500$	$7 \times 1700 = 11,900$
	70	40	$70 \times 30 \times 40 = 84000$	$40 \times 750 = 30000$	
	90	50	$90 \times 30 \times 50 = 135000$	$50 \times 1000 = 50000$	
	110	30	$110 \times 30 \times 30 = 99000$	$30 \times 1000 = 30000$	
	총합	150	363000	132500	
2동	50	50	$50 \times 30 \times 50 = 75000$	$50 \times 750 = 37500$	$7 \times 1700 = 11,900$
	70	30	$70 \times 30 \times 30 = 63000$	$30 \times 750 = 22500$	
	90	40	$90 \times 30 \times 40 = 108000$	$40 \times 1000 = 40000$	
	110	30	$110 \times 30 \times 30 = 99000$	$30 \times 1000 = 30000$	
	총합	150	345000	130000	

(1) 1동 상정부하 $= 363000 + 132500 + 11900 = 507,400 [\text{VA}]$

  2동 상정부하 $= 345,000 + 130,000 + 11900 = 486,900 [\text{VA}]$

(2) 1동 수용부하 $= (363000 + 132500) \times 0.55 + 11900 = 284,425 [\text{VA}]$

  2동 수용부하 $= (345000 + 130000) \times 0.55 + 11900 = 273,150 [\text{VA}]$

문제 13. 3층 사무실용 건물에 3상 3선식의 6,000[V]를 200[V]로 강압하여 수전하는 설비를 하였다. 각종 부하 설비가 표와 같을 때 다음 참고 자료를 이용하여 각 물음에 답하시오. 기사 12-3, 20-1, 산기 05-3, 07-3, 09-1, 18-1, 18-3, 21-1, 23-2 , 24-3(12~14점)

[표 1] 동력부하 설비표

사 용 목 적	용량[kW]	대수	상용동력[kW]	하계동력[kW]	동계동력[kW]
난방관계					
• 보일러 펌프	6.0	1			6.0
• 오일 기어 펌프	0.4	1			0.4
• 온수 순환 펌프	3.0	1			3.0
공기 조화 관계					
• 1,2,3 중 패키지 콤프레서	7.5	6		45.0	
• 콤프레서 팬	5.5	3	16.5		
• 냉각수 펌프	5.5	1		5.5	
• 쿨링 타워	1.5	1		1.5	
급수·배수 관계					
• 양수 펌프	3.0	1	3.0		
기타					
• 소화 펌프	5.5	1	5.5		
• 셔터	0.4	1	0.8		
합 계			25.8	52.0	9.4

[표 2] 조명 및 콘센트 부하 설비표

사 용 목 적	와트수[W]	설치수량	환산용량[VA]	총용량[VA]	비 고
전등관계					
• 수은등 A	200	4	260	1,040	200[V] 고역률
• 수은등 B	100	8	140	1,120	100[V] 고역률
• 형광등	40	820	55	45,100	200[V] 고역률
• 백열전등	60	10	60	600	
콘센트 관계					
• 일반콘센트		80	150	12,000	2P 15A
• 환기팬용 콘센트		8	55	440	
• 히터용 콘센트	1500	2		3,000	
• 복사기용 콘센트		4		3,600	
• 텔레타이프용 콘센트		2		2,400	
• 룸 쿨러용 콘센트		6		7,200	
기타 • 전화교환용 정류기	1			800	
계				77,300	

[표 3] 변압기 표준용량

단상, 3상 변압기 표준용량[kVA]							
50	75	100	250	200	300	400	500

(1) 동계 난방 때 온수 순환펌프는 상시 운전하고, 온수 순환펌프는 수용률이 100[%], 보일러용과 오일 기어 펌프의 수용률이 60[%]일 때 난방동력 수용 부하는 몇 [kW]인가?

○계산과정 : 난방동력 수용 부하 = $3 + (6.0 + 0.4) \times 0.6 = 6.84$[kW]

○정답 : 6.84[kW]

(2) 동력부하 역률이 전부 80[%]라고 한다면 피상전력은 각각 몇 [kVA]인가? (단, 상용동력, 하계동력, 동계 동력별로 각각 계산하시오.)

○계산과정 : 동력부하 피상전력

구분	계산	정답
상용동력	$\dfrac{25.8}{0.8} = 32.25[\text{kVA}]$	$32.25[\text{kVA}]$
하계동력	$\dfrac{52.0}{0.8} = 65[\text{kVA}]$	$65[\text{kVA}]$
동계동력	$\dfrac{9.4}{0.8} = 11.75[\text{kVA}]$	$11.75[\text{kVA}]$

(3) 총 전기 설비용량은 몇 [kVA]를 기준으로 하여야 하는가?

○계산과정 : 문제에서 "총 전기설비용량은 몇 [kVA]를 기준으로 하는가?"이므로 위 수용가에서 실제 동력 부하 운전 시 발생할 수 있는 최대전력을 기준으로 하므로 하계 동력부하와 동계 동력부하는 동시에 발생할 수 없으므로 설비용량이 큰 하계동력만 고려한다.

총 전기설비용량 = 32.25 + 65 + 77.3 = 174.55[kVA]

○정답 : 174.55[kVA]

(4) 전등의 수용률이 70[%] 콘센트 설비의 수용률은 50[%]라고 한다면 몇 [kVA] 단상 변압기에 연결하여야 하는가?(단, 전화교환용 정류기는 100[%] 수용률로서 계산 결과에 포함시키며 변압기 예비율은 무시한다.)

○계산과정 : 변압기 용량 = 전등 관계 + 콘센트 관계 + 기타

$$\text{변압기 용량} = [(1040 + 1120 + 45100 + 600) \times 0.7 \\ + (12000 + 440 + 3000 + 3600 + 2400 + 7200) \times 0.5] + 800 \times 1] \times 10^{-3} \\ = 48.62[\text{kVA}]$$

○정답 : 50[kVA] 용량 단상 변압기 선정

(5) 동력설비 부하의 수용률이 모두 60[%]라면 동력부하용 3상 변압기 용량은 몇 [kVA]인가? (단, 동력 부하의 역률은 80[%]로 하며 변압기의 예비율은 무시한다.)

○계산과정 : [부하설비 표2] 동력 부하설비에 전력을 공급하는 변압기 용량을 산정할 때 주의할 점은 하계 동력과 동계 동력이 동시에 발생할 수가 없으므로 계절 부하를 적용, 그 큰 값인 하계 동력만 고려하여 변압기 용량을 선정한다.

3상변압기 용량 $[\text{kVA}] = \dfrac{\text{수용설비용량} \times \text{수용률}}{\cos\theta} = \dfrac{(25.8 + 52.0) \times 0.6}{0.8} = 58.35[\text{kVA}]$

○정답 : 75[kVA] 용량 3상 변압기 선정

(6) 상기 건물에 시설된 변압기 총 용량은 몇 [kVA]인가?

변압기 총용량 $[\text{kVA}] = 50 + 75 = 125[\text{kVA}]$ ○정답 : 125[kVA]

(7) 단상과 3상 변압기의 각 2차측에 전류계용으로 사용되는 변류기가 설치되어 있다.

1차 정격전류[A]										
10	20	30	50	75	100	150	200	250	300	400

① 단상 변압기의 각 변류기의 1차측 정격전류[A]를 선정하시오.
(단, CT의 여유율은 1.25배로 하며 변류기 규격표에 의하여 변류비를 가까운 값으로 산정하시오.)

○ 계산과정 : 전류 $I = \dfrac{50 \times 10^3}{200} \times 1.25 = 312.5[\text{A}]$ 이므로 변류비 300/5인 변류기 적용

○ 정답 : 300[A]

② 3상 변압기의 각 변류기의 1차측 정격전류[A]를 선정하시오.
(단, CT의 여유율은 1.35배로 하며 변류기 규격표에 의하여 변류비를 가까운 값으로 산정하시오.)

○ 계산과정 : 전류 $I = \dfrac{75 \times 10^3}{\sqrt{3} \times 200} \times 1.35 = 292.28[\text{A}]$ 이므로 변류비 300/5인 변류기 적용

○ 정답 : 300[A]

3. 무정전 전원공급장치(UPS)

문제 14. 인텔리전트 빌딩(Intelligent building)은 빌딩자동화 시스템, 사무자동화시스템, 정보통신 시스템, 건축환경을 총 망라한 건설과 유지관리의 경제성을 추구하는 빌딩이라 할 수 있다. 이러한 빌딩의 전산시스템을 유지하기 위하여 비상전원으로 사용되고 있는 UPS에 대해서 각 물음에 답하시오. 기사 99, 01-1, 04, 05, 09-3, 18-2 (6점)

(1) UPS를 우리말로 하면 어떤 것을 뜻하는가?   ○ 정답 : 무정전 전원공급장치

(2) UPS에서 AC → DC부와 DC → AC부로 변환하는 부분의 명칭을 각각 무엇이라 부르는가?
① AC → DC 변환부 : 컨버터(converter)
② DC → AC 변환부 : 인버터(inverter)

(3) UPS가 동작하면 전력공급을 위한 축전지가 필요한데 그 때의 축전지 용량을 구하는 공식을 쓰시오. (단, 기호를 사용할 경우 사용기호에 대한 의미도 설명하도록 한다.)

○ 정답 : 축전지용량 $C = \dfrac{1}{L} KI [\text{Ah}]$

- C : 25[℃]에서의 정격방전율 환산용량[Ah]
- L : 보수율 (사용연수의 경과 및 사용조건의 변동 등에 의한 용량 변화 보정값)
- K : 방전시간 T와 축전지 최저온도 및 허용 최저전압으로 정해지는 용량환산시간
- I : 방전전류[A]

문제 15. UPS 장치에 대한 다음 각 물음에 답하시오. 기사 98, 06-3, 13-3, 산기 00-6, 01-3, 05-1, 05-2, 05-3, 06-2(6점)

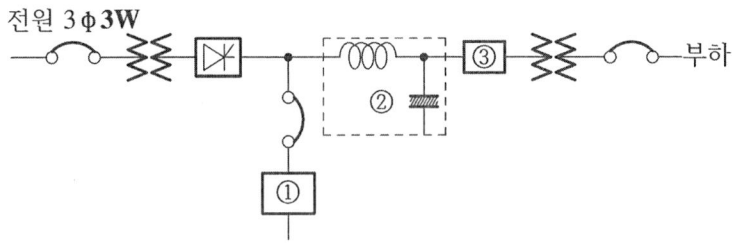

(1) UPS의 주요 기능을 2가지로 요약하여 설명하시오.

  ○ 정답 : 무정전 전원 공급, 정전압 정주파수 공급

(2) ①은 무슨 기능인가 설명하시오.

  ○ 정답 : 축전지

(3) ②는 무슨 역할을 하는 회로인지 쓰시오.

  ○ 정답 : 직류 필터로서 리플 전압을 제거한다.

(4) ③은 무슨 회로이며 역할은 무엇인지 쓰시오.

  ○ 정답 : 인버터 회로, 직류를 교류로 변환하는 장치

문제 16. 다음은 컴퓨터 등의 중요한 부하에 대한 무정전 전원공급을 위한 그림이다. ① ~⑤ 에 적당한 전기시설물의 명칭을 쓰시오. 기사 95, 05-1, 13-2, 17-3, 24-3(4~5점)

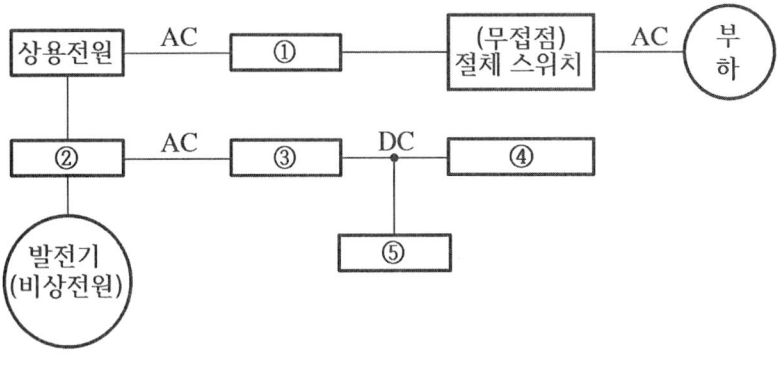

[정답]

①	②	③	④	⑤
자동전압조정기	절체용 개폐기	정류기(컨버터)	인버터	축전지

문제 17. 다음은 상용전원과 예비전원 운전 시 주의 사항에 대한 것이다. ( )안에 ①, ②에 적당한 말을 쓰시오. 기사 12-2, 18-2, 22-3(5점)

> 상용전원과 예비전원 사이에는 병렬운전을 실시하지 않는 것이 원칙이므로 상시전원 수전용 차단기와 비상 발전기용 차단기 사이에는 전기적 또는 기계적으로 (①)을 시설해야 하며, (②)를 사용하여야 한다.

문제		정답	
①	②	①	②
		인터록	자동절체 스위치(ATS)

4. 태양광 발전 출력과 비상 전원

문제 18. 다음 물음에 답하시오.
(1) 태양광 발전 모듈의 조건이 다음과 같을 때 최대출력 동작점에서의 최대출력 (P_{MPP})은 몇 [W]인지 구하시오. 기사 21-2(5점)

- 태양광발전 모듈 직렬구성수 : 5개
- 태양광발전 모듈 병렬구성수 : 2개
- 태양광발전 모듈 개방전압 (V_{OC}) : 22V
- 태양광발전 모듈 단락전류 (I_{SC}) : 5A
- 태양광발전 모듈 효율(η) : 15%
- 태양광발전 모듈 크기: (L) : 1200mm × (W) 500mm

○계산과정 : 1[VA]당 태양광 발전 모듈 효율 $\eta = \frac{\text{모듈용량}(P_{MPP} \div \text{모듈수})}{\text{모듈면적} \times 1,000} \times 100\%$ 에서

$P_{MPP} = \eta \times \text{모듈면적} \times 1000 \times \text{직렬구성수} \times \text{병렬구성수} = 0.15 \times 1.2 \times 0.5 \times 1000 \times 5 \times 2 = 900[W]$

○**정답** : 900[W]

(2) 발전용량 2000[kW], 일사강도 0.75[kW/m²], 반사율 80[%], 효율 20[%]인 집중형 태양광 발전소에 필요한 수광면적[m²]을 계산하시오. 산기 25-1(5점)

○**계산과정** : 발전용량 $2000[kW] = 0.75[kW/m^2] \times 0.8 \times 0.2 \times \text{수광면적}[m^2]$ 이므로

면적 $= \frac{2000}{0.75 \times 0.8 \times 0.2} = 16,666.67[m^2]$

○**정답** : $16,666.67[m^2]$

문제 19. 한국전기설비규정에 의거하여 다음 빈칸을 채우시오. 기사 25-1(6점)

(①), 절연변압기 및 계통 연계 보호장치 등 전력변환장치의 시설은 다음에 따라 시설하여야 한다.
• (①)는 실내·실외용을 구분할 것
• 각 직렬군의 태양전지 (②)은 인버터 (③) 범위 이내일 것
• 옥외에 시설하는 경우 방수등급은 (④) 이상일 것

정답란			
①	②	③	④
인버터	개방전압	입력전압	IPX4

[해설] 인버터, 절연변압기 및 계통 연계 보호장치 등 전력변환장치의 시설 규정
○인버터는 실내·실외용을 구분할 것
○옥내에 시설하는 경우 방수등급은 IPX5 이상일 것

○ 옥외에 시설하는 경우 방수등급은 IPX4 이상일 것
○ 직렬군의 태양전지 개방전압은 인버터 입력전압 범위 이내일 것

문제 20. 비상용 발전기에 대한 물음에 답하시오. 기사 08-3, 14-2, 산기 18-2(10점)
(1) 단순 부하인 경우 부하 출력이 600[kW], 역률 80[%], 효율 85[%]의 일반적인 부하에 공급하는 비상용발전기 출력[kVA]을 구하시오.

○ 계산과정 : 비상용발전기 출력[kVA] = $\dfrac{600 \times 1}{0.8 \times 0.85}$ = 882.35[kVA]

○ 정답 : 882.35[kVA]

(2) 발전기 병렬운전조건 4가지만 쓰시오. 기사 03-2, 03-3, 14-2, 17-1, 23-3, 산기 04-3, 05-3, 06-1, 08-1, 10-3, 11-1, 11-2, 17-3(4점)
○ 기전력의 주파수가 같을 것
○ 기전력의 위상이 같을 것
○ 기전력의 파형이 같을 것
○ 기전력의 크기가 같을 것

문제 21. 동기 발전기를 병렬로 접속하여 운전하는 경우에 생기는 횡류 3가지를 쓰고, 각각의 작용에 대하여 설명하시오. 기사 09-3, 15-3(6점)
○ **무효순환전류** : 전기자 권선의 저항손 증가 및 과열, 역률 변동, 발전기 전압의 균등화
○ **동기화전류(유효횡류)** : 동기화력 작용, 출력 변동, 발전기 위상의 일치
○ **고조파순환전류** : 전기자 권선의 저항손 증가 및 과열

[해설] 발전기 병렬 운전 조건

일치조건	불일치시 흐르는 전류
기전력의 크기	**무효순환전류**
기전력 위상	**동기화전류(유효횡류)**
기전력의 주파수	동기화전류
기전력의 파형	고조파순환전류

문제 22. 어떤 공장에 예비전원설비로 발전기를 설계하고자 한다. 이 공장의 조건을 이용하여 다음 각 물음 답하시오. 기사 05-2, 10-3, 12-2, 13-1, 16-2(9점)
[부하조건]
· 부하는 전동기 부하 150[kW] 2대, 100[kW] 3대, 50[kW] 2대 이며, 전등 부하는 40[kW]이다.
· 전동기 부하의 역률은 모두 0.9이고 전등 부하의 역률은 1이다.
· 동력부하의 수용률은 용량이 최대인 전동기 1대는 100[%], 나머지 전동기는 그 용량의 합계를 80[%]로 계산하며, 전등 부하는 100[%]로 계산한다.
· 발전기 용량의 여유율은 10[%]를 주도록 한다.
· 발전기 과도리액턴스는 25[%] 적용한다.
· 허용 전압강하는 20[%]를 적용한다.

- 시동 용량은 750[kVA]를 적용한다.
- 기타 주어지지 않은 조건은 무시하고 계산하도록 한다.

(1) 발전기에 걸리는 부하의 합계로부터 발전기 용량을 구하시오.

  ○ 계산과정 : 발전기 정격용량[kVA] $\geq \dfrac{\Sigma P_L \times 수용률 \times 여유율}{\cos\theta}$

  $P = \left(\dfrac{150 + (150 + 100 \times 3 + 50 \times 2) \times 0.8}{0.9} + 40\right) \times 1.1 = 765.11[\text{kVA}]$

  ○ 정답 : 765.11[kVA]

(2) 부하중 가장 큰 전동기 시동시의 용량으로부터 발전기의 용량을 구하시오.

  ○ 계산과정 : 발전기의 용량[kVA] $\geq \left(\dfrac{1}{허용전압강하} - 1\right) \times 기동용량[\text{kVA}] \times 과도 리액턴스$

  $P \geq \left(\dfrac{1}{0.2} - 1\right) \times 0.25 \times 750 \times 1.1 = 825[\text{kVA}]$

  ○ 정답 : 825[kVA]

(3) 다음 "(1)"과 "(2)"에서 계산된 값 중 어느 쪽 값을 기준하여 발전기 용량을 정하는지 그 값을 쓰고 실제 필요한 발전기 용량을 정하시오.

  ○ 정답 : 발전기 용량은 825[kVA]를 기준으로 정하며 표준용량 1000[kVA]를 적용한다.

제5장. 측정장치 및 공사도면심벌 기출문제

1. 참값과 오차, 측정기 계측장치

문제 1. 어느 회로의 전압을 전압계로 측정해서 103[V]의 전압을 얻었다. %보정이 -0.8[%]인 경우 이 회로의 전압을 구하시오. 기사 91, 10, 21-1, 산기 09-3, 10-1, 22-1(5점)

○ 계산과정 : %보정률 $= \dfrac{\text{참값} - \text{측정값}}{\text{측정값}} = \dfrac{\text{참값} - 103}{103} \times 100 = -0.8[\%]$ 이므로

참값 $= -0.8 \times 1.03 + 103 = 102.18[V]$ ○ 정답 : 102.18[V]

문제 2. 공칭 변류비가 $\dfrac{100}{5}$ 인 변류기의 1차에 250[A]가 흘렀을 경우 2차 전류가 10[A]였다. 이때 비오차[%]를 구하시오. 기사 19-2, 20-1, 산기 22-1(5점)

○ 계산과정

공칭 변류비가 $\dfrac{100}{5}$ 이고 측정한 변류비는 $\dfrac{250}{10} = 25$ 이므로

비오차 $= \dfrac{\text{공칭 변류비} - \text{측정 변류비}}{\text{측정(실제) 변류비}} \times 100[\%] = \dfrac{20-25}{25} \times 100 = -20[\%]$

○ 정답 -20[%]

문제 3. 전압 1.0169[V]를 측정하는데 측정값이 1.0078[V]이었다. 이 경우의 다음 각 물음에 답하시오. (단, 소수점 이하 넷째 자리까지 구하시오.) 기사 09-3, 19-3(4점)

(1) 오차
- 계산 : 오차 = 측정값 - 참값 = 1.0078 - 1.0169 = -0.0091   답 : -0.0091

(2) 오차율
- 계산 : 오차율 $= \dfrac{\text{오차}}{\text{참값}} = \dfrac{-0.0091}{1.0169} = -0.0089$ 답 : -0.0089

(3) 보정(값)
- 계산 : 보정값 = 참값 - 측정값 = 1.0169 - 1.0078 = 0.0091   답 : 0.0091

(4) 보정률
- 보정률 $= \dfrac{\text{보정값}}{\text{측정값}} = \dfrac{0.0091}{1.0078} = 0.0090$ 답 : 0.0090

문제 4. 다음 각 항목을 측정하는데 가장 알맞은 계측기 또는 측정방법을 쓰시오. 산기 08-1, 18-2, 22-1(5점)

문제				
변압기 절연저항	검류계의 내부저항	전해액의 저항	배전선의 전류	접지저항의 측정

정답				
변압기 절연저항	검류계의 내부저항	전해액의 저항	배전선의 전류	접지저항의 측정
절연저항계	휘스톤 브리지법	콜라우슈 브리지법	후크온 메타	접지저항계

문제 5. 전기사업자는 그가 공급하는 전기의 품질(표준전압, 표준주파수)을 허용오차 범위 안에서 유지하도록 전기사업법에 표준전압·표준주파수 및 허용오차를 규정하고 있다. 다음 표의 괄호 안에 표준전압 또는 표준 주파수에 대한 허용오차를 쓰시오. 기사 25-1, 산기 08-2, 17, 22-2(5점)

표준전압 또는 표준주파수	허용오차
110볼트	110볼트의 상하로 (①)볼트 이내
220볼트	220볼트의 상하로 (②)볼트 이내
380볼트	380볼트의 상하로 (③)볼트 이내
60 헤르츠	60헤르츠 상하로 (④)헤르츠 이내

정답	
①	6볼트
②	22볼트
③	38볼트
④	0.2헤르츠

[해설]전기사업법 시행규칙 제18조 2025년 6월 13일 일부개정 : 220볼트 허용오차

| 기존 : ±13[V] | 개정 : ±22[V] |

개정사유:국제표준 정합성, 전력설비운영실효 제고, 전기품질기준 유연성

문제 6. 피뢰기 설치 시 점검 사항 3가지를 쓰시오. 산기 13-2(5점)
○ 피뢰기 애자 부분 손상 여부 확인
○ 피뢰기 1, 2차 측 터미널(단자 및 단자 볼트) 이상 유무 확인
○ 피뢰기 절연저항 측정

2. 적산전력계 접속

문제 7. 고압 동력 부하의 사용 전력량을 측정하려고 한다. CT 및 PT 취부 3상 적산 전력량계를 그림과 같이 오결선(1S와 1L 및 P_1과 P_3가 바뀜) 하였을 경우 어느 기간 동안 사용전력량이 3,000[kWh] 였다면 그 기간동안 실제 사용전력량은 몇 [kWh] 이겠는가? (단, 부하역률은 0.8이라 한다.) 기사 91, 97, 06-2, 19-2(4~5점)

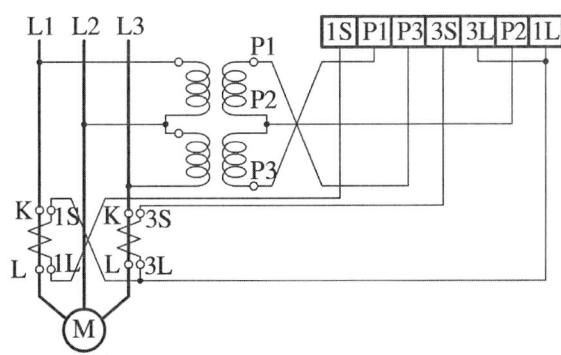

○계산과정 : 오결선으로 무효전력을 측정한 값이므로 2전력계법에 의해 유효전력은
$P = W_1 + W_2 = 2VI\sin\theta[W]$ 에서 $VI = \dfrac{W}{2\sin\theta} = \dfrac{3000}{2\times 0.6} = 2500[kVA]$ 이므로

실제 사용 전력량 $W' = \sqrt{3}\,VI\cos\theta = \sqrt{3}\times 2500\times 0.8 = 3464.10[kWh]$
○정답 : 3464.10[kWh]

문제 8. 100[V], 20[A]용 단상 적산 전력계에 어느 부하를 가할 때 원판의 회전수 20회에 대하여 40.3[초] 걸렸다. 만일 이 계기의 20[A]에 있어서 오차가 +2[%]라 하면 부하 전력은 몇 [kW]인가? 단, 이 계기의 계기 정수는 1000[Rev/kWh] 이다. 기사 87, 91, 10-3, 21-2(5점)

○ **계산과정** : 계기 정수 $K = \dfrac{N}{Ph}$[Rev/kWh]에서 $P = \dfrac{N}{Kh}$[kW] $= \dfrac{N}{Kh} \times 10^3$[W]

적산전력계 측정값 : $P = \dfrac{N}{Kh} = \dfrac{20}{1000 \times \dfrac{40.3}{3600}} = 1.79$[kW]

• 오차율 $= \dfrac{측정값 - 참값}{참값} \times 100$[%]에서 $2 = \dfrac{1.79 - P_T}{P_T} \times 100$[%]이므로

• 참값 : $P_T = \dfrac{1.79}{1.02} = 1.75$[kW]

○ 정답 : 1.75[kW]

문제 9. 주어진 그림을 이용하여 적산전력계의 결선도를 완성하시오. 기사 01-1(5점)

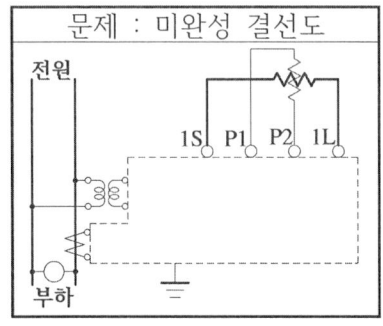 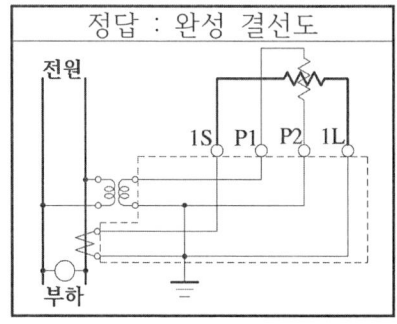

문제 10. 다음 그림은 3상 3선식 적산전력계 결선도(계기용변압기 및 변류기를 시설하는 경우)를 나타낸 것이다. 미완성 부분의 결선도를 완성하시오. (단, 접지가 필요한 곳에는 접지 표시를 하도록 한다.) 기사 93, 94, 97, 01-2, 산기 02-1, 04-2, 08-3, 12-2, 15-3, 24-3(4~6점)

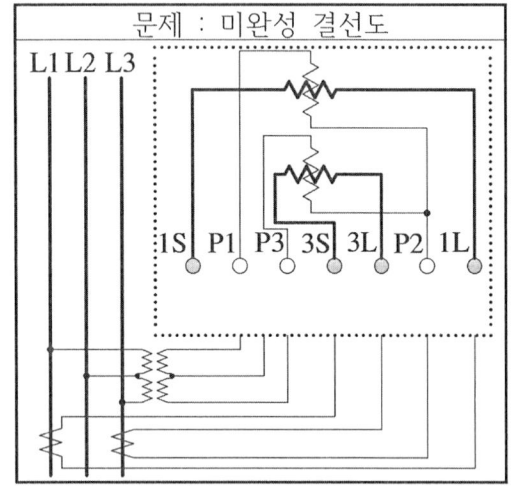 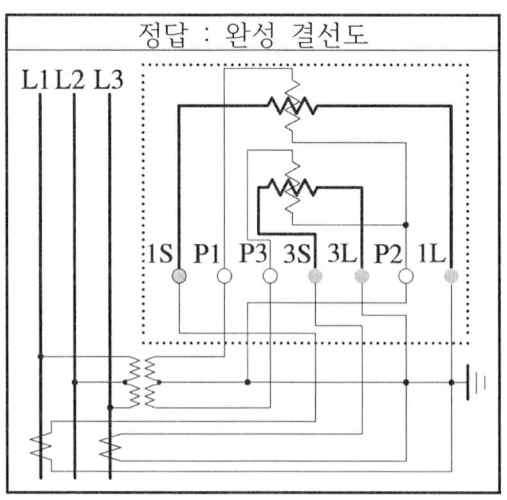

[해설] 적산전력계 결선 시 3상 3선식의 경우 PT와 CT는 V결선하여 전압 코일과 전류 코일을 접속하고, PT가 있는 경우 반드시 PT, CT 2차 측에 접지 공사를 실시한다.

문제 11. 그림은 3상 4선식 전력량계의 결선도를 나타낸 것이다. PT와 CT를 이용하여 미완성 결선도를 완성하시오. (단, 접지가 필요한 곳은 접지를 표시하시오.) 기사 95, 99, 00-6, 06-1, 06-3, 17-3, 20-4 (5점)

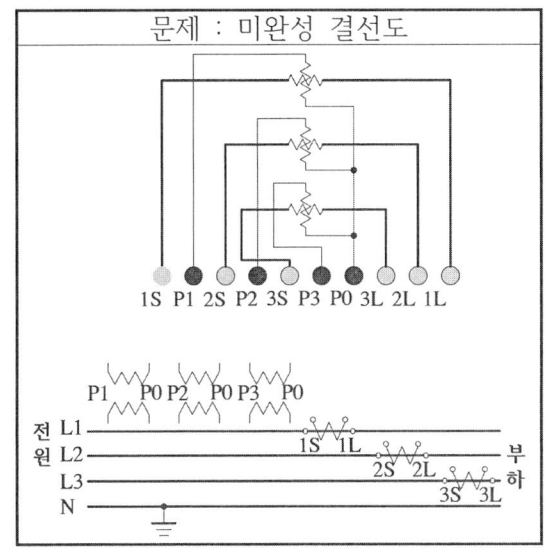
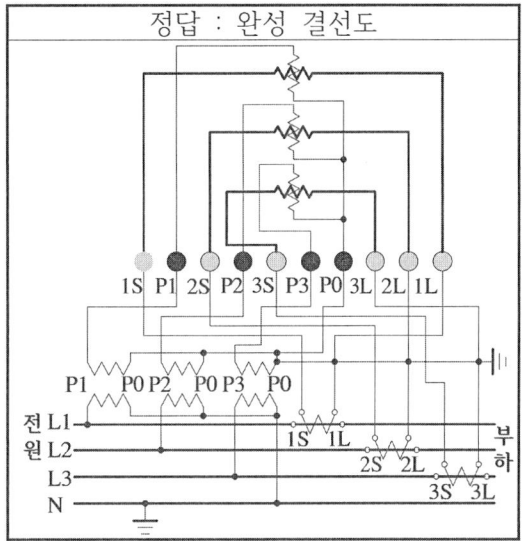

문제 12. 교류용 적산 전력계에 대한 다음 각 물음에 답하시오. 기사 94, 00, 05-1, 05-3, 18-3 (7점)

(1) 잠동(creeping)현상에 대하여 설명하고 잠동을 막기 위한 유효한 방법을 2가지만 쓰시오.
① 잠동 현상 : 전력량계의 원판이 무부하 상태에서 정격주파수 및 정격전압의 110[%] 정도를 인가하여 계기 원판이 1회전 이상 회전하는 현상
② 잠동 현상의 방지 대책 :
 - 원판에 작은 구멍을 뚫는다.
 - 원판에 작은 철심을 부착하여 무부하 시 1회전 이상 원판이 회전하지 않도록 한다.

(2) 적산 전력계가 구비해야 할 특성을 5가지만 쓰시오.
① 부하 특성이 좋을 것 ② 옥내 및 옥외 설치가 적당할 것
③ 과부하 내량이 클 것 ④ 기계적 강도 및 내구성이 클 것
⑤ 온도 및 주파수 보상 능력이 클 것 ⑥ 기동전류 및 내부 손실이 적을 것

문제 13. 주어진 조건에 의하여 1년 이내 최대 전력 3,000[kW], 월 기본요금 6,490[원/kW], 월간 평균역률이 95[%]일 때 1개월의 기본요금을 구하시오. 또한 1개월의 사용 전력량이 54만[kWh], 전력요금 89[원/kWh]라 할 때 1개월의 총 전력요금은 얼마인지 계산하시오. 산기 16-2, 20, 22-2(5점)

[조건]
역률의 값에 따라 전력요금은 할인 또는 할증되며, 역률 90[%]를 기준으로 하여 역률이 1[%] 늘 때마다 기본요금이 1[%] 할인되며, 1[%] 나빠질 때마다 1[%]의 할인요금을 지불해야 한다.

(1) 기본요금을 구하시오.
○ 계산과정 : 역률 90%를 기준으로 하여 역률이 5% 증가했으므로 요금할인은 $1-0.05$비율로 계산하여야 한다.
기본요금 $3000 \times 6,490 \times (1-0.05) = 18,496,500$원
○ 정답 : 18,496,500원

(2) 1개월의 총 전력요금을 구하시오.
○ 계산과정 : 18,496,500원 + 540,000 × 89 = 66,556,500원

문제 14. 60[W]전구 8개를 점등하는 수용가가 있다. 정액제 요금은 60[W] 1등당 1개월(30일)에 205원, 종량제 요금은 기본요금 100원에 1[kWh]당 10원이 추가되고 전구값은 수용가 부담일 때, 정액제 요금과 같은 점등료를 종량제 요금으로 지불하기 위한 일당 평균 점등 시간을 구하시오.(단, 전구값은 1개 65원이고, 수명은 1000[h]이며, 정액제의 경우는 수용가가 전구값을 부담하지 않는다.) 기사 20-4(5점)

○ 계산과정 : 정액제 요금 $= 205 \times 8 = 1640$원
종량제 요금=기본요금+사용시간요금+전구값
추가사용시간 요금 $= \left(\dfrac{10}{[kW]}\right) \times 0.06[kW] \times 8개 \times t[h] = 4.8t$원
시간당 전구값$= \dfrac{65원}{1000} \times 8 = 0.52[원/h]$이므로 $t[h]$시간에 대한 전구값$=0.52t$원
$1640원 = 100(기본요금) + 4.8t + 0.52t = 100 + 5.32t$이므로
1개월(30일)동안의 총 점등시간 $t = \dfrac{1540}{5.32} = 289.47[h]$
1일 점등시간 $= \dfrac{289.47}{30} = 9.65[h]$
○ 정답 : 9.65[h]

3. 계전기 접속과 변압기 시험

문제 15. 다음 회로는 변류기 3대를 영상 접속시켜 그 잔류 회로에 지락 계전기 DG를 삽입시킨 것이다. 변압기 2차측 선로 전압은 66[kV]이고, 중성점에 300[Ω]의 저항 접지를 하였으며, 변류기의 변류비는 300/5[A]이다. 송전 전력 20,000[kW], 역률이 0.8(지상)일 때 a상에 완전 지락 사고가 발생하였다. 다음 각 물음에 답하시오. 기사 99, 04-1, 05, 13-2, 20-1, 24-2(8점)

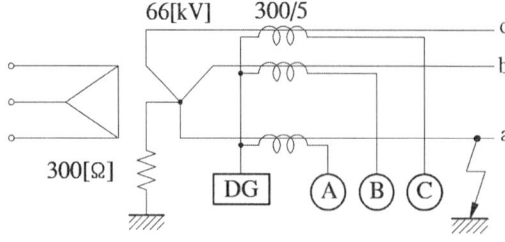

(1) 지락 계전기 DG에 흐르는 전류는 몇 [A]인가 ?
○ 계산과정

- a상 지락 시 지락전류 : $I_g = \dfrac{\dfrac{V}{\sqrt{3}}}{R} = \dfrac{\dfrac{66000}{\sqrt{3}}}{300} = 127.02\,[\text{A}]$ (유효분 전류)
- DG에 흐르는 전류 : $I_{DG} = 127.02 \times \dfrac{5}{300} = 2.12\,[\text{A}]$
○ 정답 : 2.12[A]

(2) a상 전류계 Ⓐ에 흐르는 전류는 몇 [A]인가 ?
○ 계산과정
- 부하전류 : $\dot{I}_L = \dfrac{20,000}{\sqrt{3}\times 66 \times 0.8}(0.8 - j0.6) = 174.95 - j131.22\,[\text{A}]$
- a상전류(지락전류+부하전류)
$I_a = (174.95 - j131.22) + 127.02 = 301.97 - j131.22 = \sqrt{301.97^2 + 131.22^2} = 329.25\,[\text{A}]$
- a상 전류계 지시값 : Ⓐ $= 329.25 \times \dfrac{5}{300} = 5.49\,[\text{A}]$
○ 정답 : 5.49[A]

(3) b상 전류계 Ⓑ에 흐르는 전류는 몇 [A]인가 ?
전류계 Ⓑ는 부하전류가 흐르므로
$I_b = \dfrac{20,000}{\sqrt{3}\times 66 \times 0.8} = 218.69\,[\text{A}]$
- b상 Ⓑ $= 218.69 \times \dfrac{5}{300} = 3.64\,[\text{A}]$
○ 정답 : 3.64[A]

(4) c상 전류계 Ⓒ에 흐르는 전류는 몇 [A]인가 ?
c상 전류계 지시 값 : Ⓒ $= 218.69 \times \dfrac{5}{300} = 3.64\,[\text{A}]$
○ 정답 : 3.64[A]

문제 16. 다음과 같이 3상 △-Y 결선 30[MVA], 33/11[kV] 변압기가 전류차동계전기에 의하여 보호되고 있다. 고장전류가 정격전류의 200[%] 이상에서 동작하는 계전기의 전류(i_r) 정정 값을 구하시오. (단, 변압기 1차 측 및 2차 측 CT의 변류비는 각각 500/5[A], 2000/5[A]이다.) 기사 05-3, 15-3, 20-1 (6점)

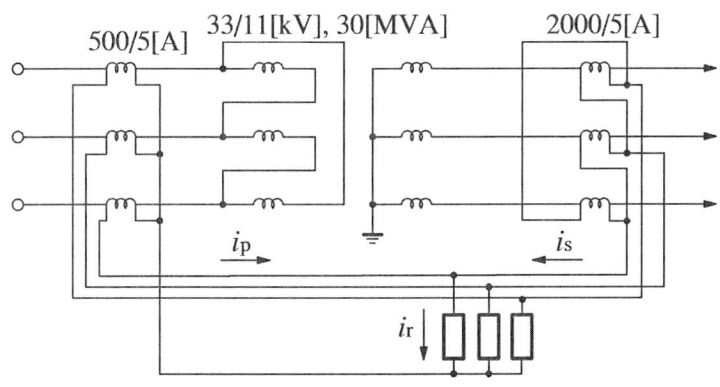

○ 계산과정
전류차동계전기 차동전류 i_r은 i_p와 i_s 차 전류의 2배(정격전류의 200[%])에서 동작하므로

1차 측 전류 : $i_p = \dfrac{30 \times 10^3}{\sqrt{3} \times 33} \times \dfrac{5}{500} = 5.25[A]$

2차 측 전류 : $i_s = \sqrt{3} \times \dfrac{30 \times 10^3}{\sqrt{3} \times 11} \times \dfrac{5}{2000} = 6.82[A]$

계전기 동작전류 : $i_r = 2 \times (6.82 - 5.25) = 3.14[A]$

○ 정답 : 3.14[A]

문제 17. 다음 그림은 1, 2차 전압이 66/22[kV]이고, Y-△ 결선된 전력용 변압기이다. 1, 2차에 CT를 이용하여 변압기의 차동 계전기를 동작시키려고 한다. 주어진 도면을 이용하여 다음 각 물음에 답하시오. 기사 98, 06-2, 10-1, 12-2, 21-3(5~8점)

(1) CT와 차동 계전기의 결선을 주어진 도면에 완성하시오.

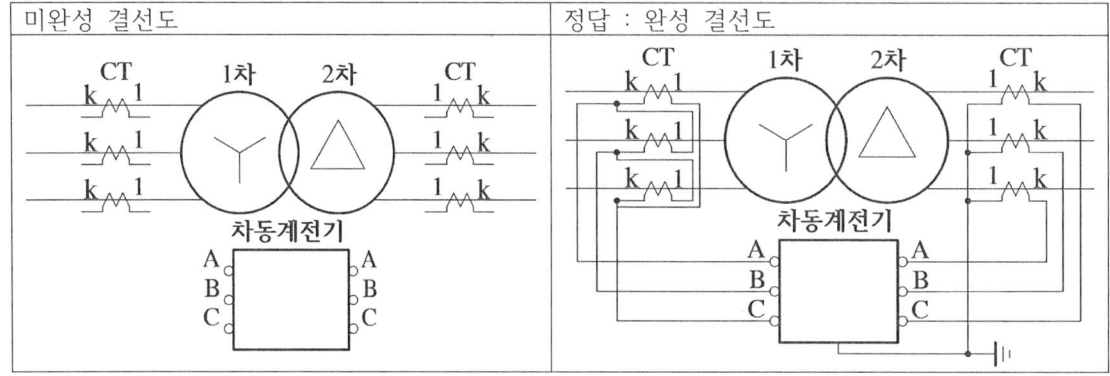

(2) 1차 측 CT의 권수비를 200/5로 했을 때 2차 측 CT의 권수비는 얼마가 좋은지를 쓰고, 그 이유를 설명하시오.

○ 계산과정 : 변압기 권수비 $a = \dfrac{66}{22} = 3$이므로 CT 2차 측 전류가 1차 측의 3배가 된다.

따라서, 2차 측 CT의 변성비는 1차 측 CT의 권수비의 3배이어야 한다.

2차 측 CT의 변류비 $= \dfrac{200}{5} \times 3 = \dfrac{600}{5}$ ○ 정답 : 600/5 선정

(3) 변압기를 전력 계통에 투입할 때 여자 돌입 전류에 의한 차동계전기의 오동작을 방지하기 위하여 이용되는 차동계전기의 종류(또는 방식)를 한 가지만 쓰시오.

○ 정답 : 감도저하법

(4) 우리나라에서 사용되는 변압기 및 계기용 변성기는 일반적으로 어떤 극성의 것을 사용하는가?

○ 정답 : 감극성

문제 18. 변압기 결선이 △-Y 결선일 경우 비율차동계전기(87)의 결선을 완성하시오. (단, 위상보정이 되지 않는 계전기이며, 변류기 결선에 의하여 위상을 보정하고 결선과 함께 접지가 필요한 곳은 접지 그림 기호를 표시하시오.) 기사 08-3, 12, 21-3, 산기 02-2, 15-1(5점)

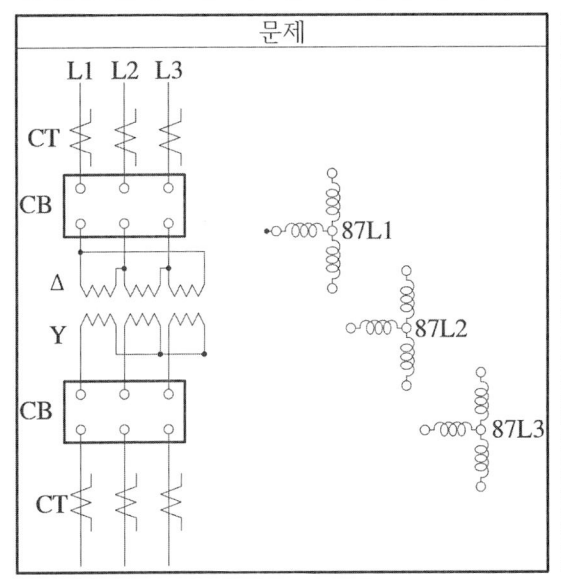
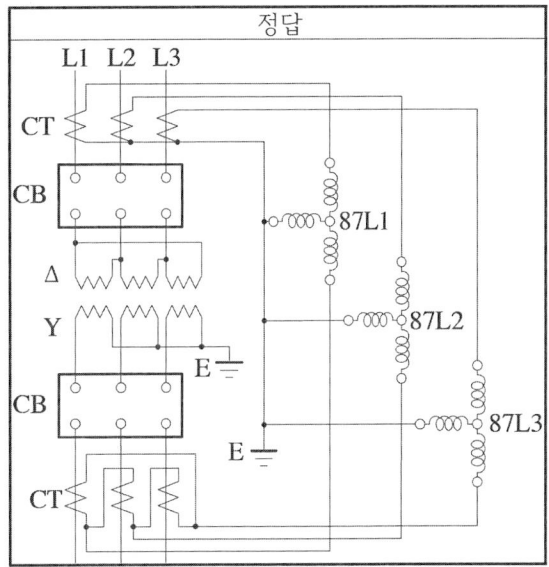

4. 절연내력시험 전압

문제 19. 변압기의 절연내력 시험전압에 대한 ①~⑦의 알맞은 내용을 빈칸에 쓰시오.
기사 15-2, 17-3, 18-2, 21-2, 21-3, 24-3, 산기 13-3, 19-1(5~7점)

종류(최대사용전압을 기준으로)	시험전압
최대사용전압 7[kV] 이하인 권선 (단, 시험전압이 500[V]미만으로 되는 경우에는 500[V])	최대사용전압×(①)배
7[kV]를 넘고 25[kV] 이하의 권선으로서 중성선 다중접지식에 접속되는 것	최대사용전압×(②)배
7[kV]를 넘고 60[kV] 이하의 권선(중성선 다중접지 제외) (단, 시험전압이 10,500[V]미만으로 되는 경우에는 10,500[V])	최대사용전압×(③)배
60[kV]를 넘는 권선으로서 중성점 비접지식 전로에 접속되는 것	최대사용전압×(④)배
60[kV]를 넘는 권선으로서 중성점 접지식 전로에 접속하고 또한 성형결선의 권선의 경우에는 그 중성점에 T좌 권선과 주좌 권선의 접속점에 피뢰기를 시설하는 것 (단, 시험전압이 75[kV]미만으로 되는 경우에는 75[kV])	최대사용전압×(⑤)배
60[kV]를 넘는 권선으로서 중성점 직접 접지식 전로에 접속하는 것, 다만 170[kV]를 초과하는 권선에는 그 중성점에 피뢰기를 시설하는 것	최대사용전압×(⑥)배
170[kV]를 넘는 권선으로서 중성점 직접접지식 전로에 접속하고 또는 그 중성점을 직접 접지하는 것	최대사용전압×(⑦)배
기타의 권선	최대사용전압× 1.1배

○ 정답 :

①	②	③	④	⑤	⑥	⑦
1.5	0.92	1.25	1.25	1.1	0.72	0.64

문제 20. 한국전기설비규정에 따른 회전기 및 정류기 시험전압에 대한 내용을 표를 보고 (   ) 안을 작성하시오. 산기 25-1(5점)

종류			시험전압	
회전기	발전기, 전동기, 무효전력보상장치, 기타 회전기(회전변류기 제외)	최대사용전압 7[kV] 이하	최대사용전압의 (①)배의 전압(500[V]미만으로 되는 경우에는 500[V])	권선과 대지 사이에 연속하여 (③)분간 가한다.
		최대사용전압 7[kV] 초과	최대사용전압의 (②)배의 전압 (10.5[kV] 미만으로 되는 경우에는 10.5[kV])	
	회전변류기		직류 측의 최대사용전압의 1배의 교류전압 (500[V]미만으로 되는 경우에는 500[V])	
정류기	최대사용전압의 (④)kV]이하		직류 측의 최대사용전압의 1배의 교류전압 (500[V]미만으로 되는 경우에는 500[V])	충전부분과 외함간에 연속하여 (③)분간 가한다.
	최대사용전압의 (④)kV]초과		교류측 최대사용전압의 1.1배의 교류전압 또는 직류 측 최대사용전압의 (⑤)배의 직류전압	교류측 및 직류 고전압측 단자와 대지 사이에 연속하여 (③)분간 가한다.

○ 정답 :

정답란				
①	②	③	④	⑤
1.5	1.25	10	60	1.1

문제 21. 절연내력시험전압을 구하시오. 기사 18-2, 21-2(5점)

(2) 문제			(2) 정답
공칭전압[V]	최대사용전압[V]	절연내력시험전압[V]	절연내력시험전압[V]
6,600	6,900(비접지)	①	$6,900 \times 1.5 = 10,350$[V]
13,200	13,800(중성점 다중접지)	②	$13,800 \times 0.92 = 12,696$[V]
22,900	24,000(중성점 다중접지)	③	$24,000 \times 0.92 = 22,080$[V]

문제 22. 현장에서 시험용 변압기가 없을 경우 그림과 같이 주상 변압기 2대와 수저항기를 사용하여 변압기 절연내력 시험을 할 수 있다. 이 때 다음 각 물음에 답하시오. (단, 최대사용전압 6,900[V] 변압기 권선을 시험할 경우이며, $\dfrac{E_2}{E_1} = \dfrac{105}{6300}$[V]임) 기사 01, 03-3, 08-1, 23-3, 산기 96, 00-1, 04-1, 11-1, 17-3, 22-3(6~12점)

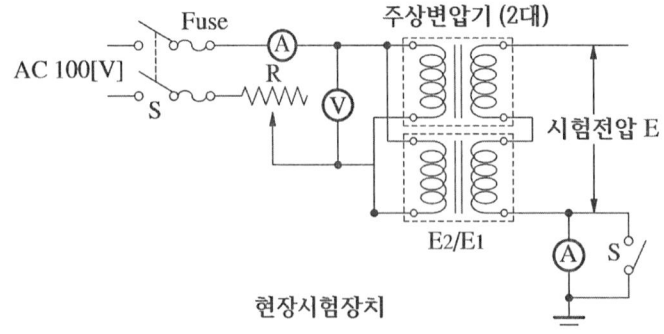

현장시험장치

(1) 절연내력시험전압
 ○계산과정 : 시험전압 $6900 \times 1.5 = 10,350[V]$
 ○정답 : $10,350[V]$

(2) 절연내력시험측정 시간 : 10분

(3) 시험 시 전압계 Ⓥ으로 측정되는 전압은 몇 [V]인지 구하시오. (단, 소숫점 이하는 반올림하시오.)
 계산과정 : $V_1 = 10350 \times \dfrac{105}{6300} \times \dfrac{1}{2} = 86.25[V]$
 ○정답 : $86[V]$

(4) 전류계 A_2의 설치 목적은?
 ○정답 : 피시험기기의 누설전류의 측정

문제 23. 그림은 구내에 설치할 3300[V], 220[V], 10[kVA]인 주상변압기의 무부하 시험 방법이다. 이 도면을 보고 다음 각 물음에 답하시오. 기사 03-2, 12-1(6점)

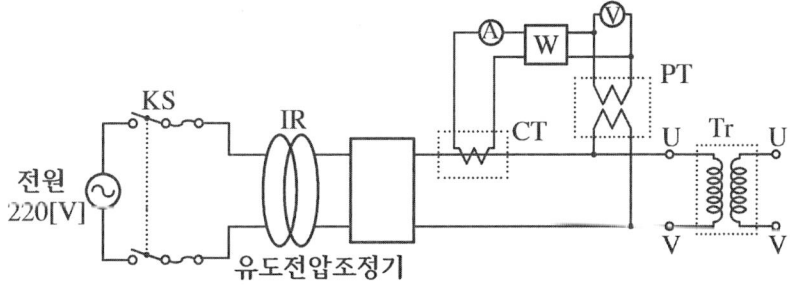

(1) 유도전압조정기의 오른쪽 네모 속에는 무엇이 설치되어야 하는가?
 ○정답 : 주파수변환기
(2) 시험할 주상변압기의 2차 측은 어떤 상태에서 시험을 하여야 하는가?
 ○정답 : 개방
(3) 시험할 변압기를 사용할 수 있는 상태로 두고 유도전압조정기의 핸들을 서서히 돌려 전압계의 지시값이 1차 정격전압이 되었을 때 전력계가 지시하는 값은 어떤 값을 지시하는가?
 ○정답 : 철손

문제 24. 변압기 시험용 기자재가 그림과 같을 때 다음 각 물음에 답하시오. 기사 98, 01-3, 19-3(8~14점)

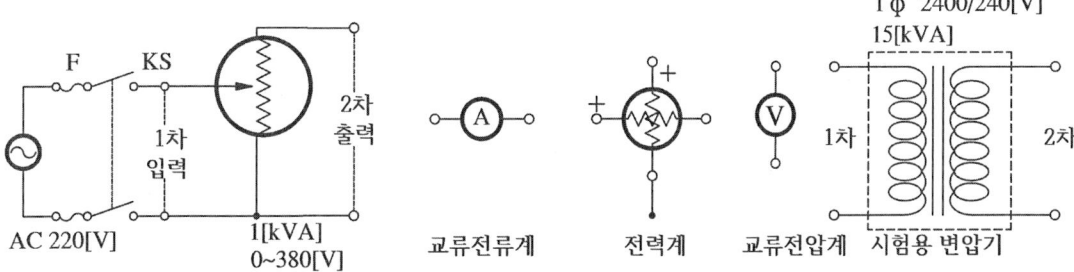

(1) 단락시험을 했다고 가정하고 임피던스전압, %임피던스, 동손 구하는 방법을 설명하시오.
  ○ 임피던스 전압 : 시험용 변압기의 2차 측을 단락한 상태에서 슬라이닥스를 조정하여 변압기 1차 측에 흐르는 전류의 전류계 지시값이 정격전류가 될 때 변압기 1차 측 전압계에 나타나는 지시값을 읽어 구할 수 있다.
  ○ %임피던스 : $\%Z = \dfrac{\text{임피던스 전압(교류전압계 지시값)}}{\text{1차 정격전압}} \times 100[\%]$
  ○ 동손 구하는 방법 : 변압기 2차 측을 단락시키고 KS를 투입하여 변압기 1차 측에 흐르는 전류의 전류계 지시값이 정격전류가 될 때 전력계에 나타나는 지시값을 읽어 구할 수 있다.

(2) 단락 시험 회로를 구성하시오.
[참고] 회로 구성 시에 주어진 기자재 이외에 필요한 것이 더 있으면 추가하고, 불필요한 것이 있으면 빼내고 회로를 구성하도록 한다.

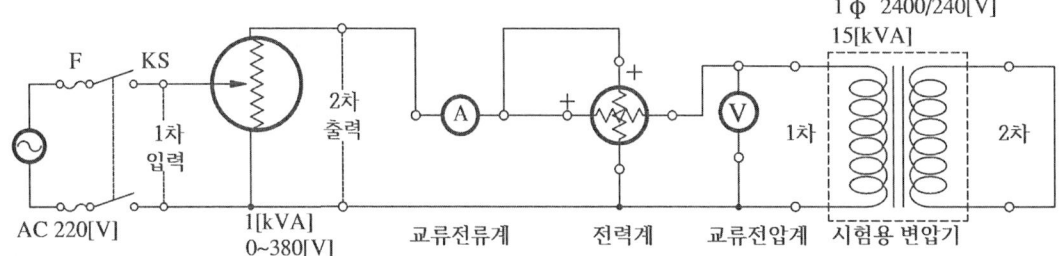

(3) 무부하 시험(개방 시험)회로를 변압기 시험 기자재로 구성하시오.

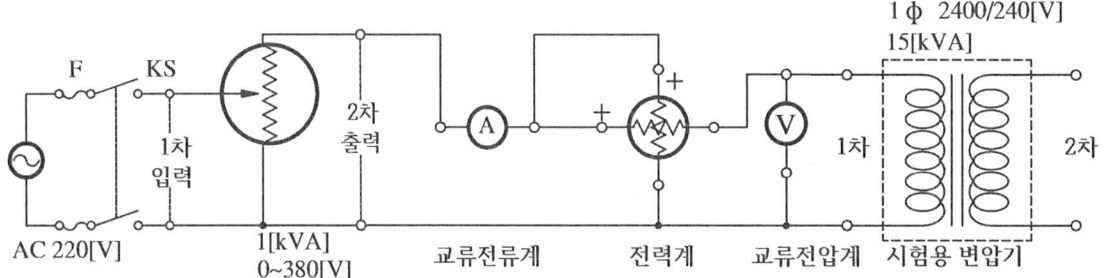

(4) 무부하 시험으로 철손을 구하는 방법을 설명하시오.
○정답 : 시험용 변압기의 2차 측을 개방한 상태에서 슬라이닥스를 조정하여 1차 측 교류 전압계의 지시값이 정격 전압이 될 때 전력계에 나타나는 지시값을 읽어 구할 수 있다.

(5) 단락 시험, 무 부하 시험으로 효율을 구하는 방법을 설명하시오.
○정답 : 단락시험에서 동손 P_c값과 무부하 시험에서 철손 P_i값을 구한 후 조건이 없을 때는 $\cos\theta = 1$, 온도 75℃를 기준으로 하여 다음과 같이 구한다.
○효율 $\eta = \dfrac{\text{정격출력}}{\text{정격출력} + \text{부하손(동손)} + \text{무부하손(철손)}} \times 100[\%]$

문제 25. 과전류 계전기의 동작시험을 하기 위한 시험기의 배치도를 보고 다음 각 물음에 답하시오. (단, ○ 안의 숫자는 단자 번호이다.) 기사 95, 99, 02-1, 04-3(8점)

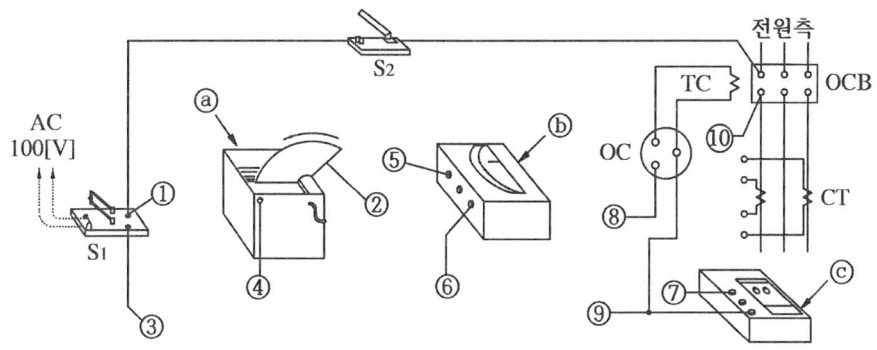

(1) 회로도의 기기를 사용하여 동작 시험을 하기 위한 단자 접속을 ○-○ 안에 기입하시오.
① - ④   ② - ⑤   ③ - ⑨   ⑥ - ⑧   ⑦ - ⑩

(2) ⓐ, ⓑ 및 ⓒ에 표시된 기기의 명칭을 기입하시오.
ⓐ 물 저항기   ⓑ 전류계   ⓒ 사이클카운터

(3) 이 결선도에서 스위치 S_2를 투입(ON)하고 행하는 시험 명칭과 개방(OFF)하고 행하는 시험 명칭은 무엇인가?
○ S_2 ON시의 시험명 : 한시동작특성 시험
○ S_2 OFF시의 시험명 : 최소동작전류 시험

5. 접지저항 측정

문제 26. 접지저항을 측정하기 위하여 사용되는 계기나 측정 방법을 2가지 쓰시오. 기사 05-2, 11-1, 16-3, 19-1, 산기 15-1, 22-1, 22-2(4~6점)
○정답 : 콜라우시 브리지에 의한 3극 접지저항 측정법, 어스테스터에 의한 접지저항 측정법

문제 27. 다음 그림은 전자식 접지 저항계를 사용하여, 접지극의 접지 저항을 측정하기 위한 배치도이다. 물음에 답하시오. 기사 95, 06, 11-2(8점)

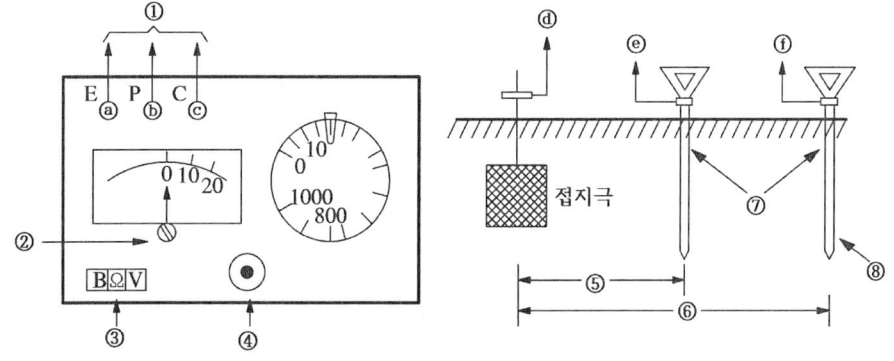

(1) 그림에서 ①의 측정 단자와 각 접지극의 접속은?
• 정답 : ⓐ－ⓓ, ⓑ－ⓔ, ⓒ－ⓕ

(2) 그림에서 ②의 명칭은? ○정답 : 영점조정기
(3) 그림에서 ③의 명칭은? ○정답 : 전환스위치
(4) 그림에서 ④의 명칭은? ○정답 : 누름버튼스위치
(5) 그림에서 ⑤의 거리는 몇 [m] 이상인가? ○정답 : 10[m]
(6) 그림에서 ⑥의 거리는 몇 [m] 이상인가? ○정답 : 20[m]
(7) 그림에서 ⑦의 명칭을 쓰고 그 설치 이유를 쓰시오.
 ○정답 : 보조접지봉, 전압과 전류를 공급하여 접지저항 측정
(8) 그림에서 ⑦의 매설 깊이는 몇 [m] 이상인가? • 정답 : 0.75[m]
(9) 그림과 같은 보조 접지봉 타입에 의한 측정 방법을 무엇이라 하는가? ○정답 : 3극법

문제 28. 그림은 전위 강하법에 의한 접지저항 측정 방법이다. E, P, C가 일직선상에 있을 때 다음 물음에 답하시오.(단, E는 반지름 r인 반구 모양 전극(측정 대상 전극)이다.) 기사 14-1, 17-2(5점)

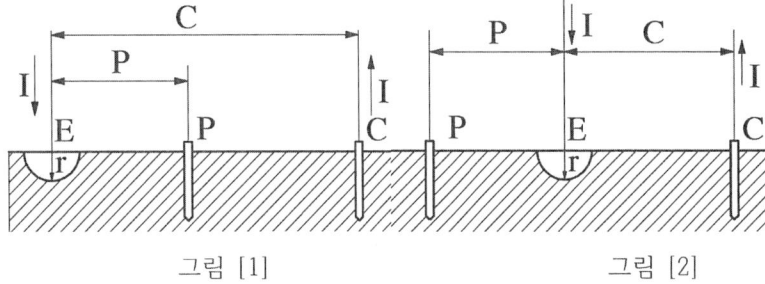

그림 [1]   그림 [2]

(1) 그림 [1]과 그림 [2]의 측정 방법 중 접지저항 값이 참값에 가까운 측정 방법을 고르시오.
 ○정답 : 그림 [1]
(2) 반구 모양 접지 전극의 접지저항을 측정할 때 $E-C$간 거리의 몇 [%]인 곳에 전위 전극을 설치하면 정확한 접지저항 값을 얻을 수 있는지 설명하시오.
 ○정답 전위 전극 P를 EC간 거리의 61.8[%] 위치에 매설해야 정확한 접지저항의 참값을 얻을 수 있다.

문제 29. 60[mm²](0.3195[Ω/km], 전장 6[km]인 3심 전력케이블의 어떤 지점에서 1선 지락 사고가 발생하여 전기적 사고점 탐지법의 하나인 머레이루프법으로 측정한 결과 그림과 같은 상태에서 평형이 되었다고 한다. 측정점에서 사고지점까지의 거리[km]를 구하시오. 기사 97, 00, 10-3, 15-1, 18-2, 21-3(4~5점)

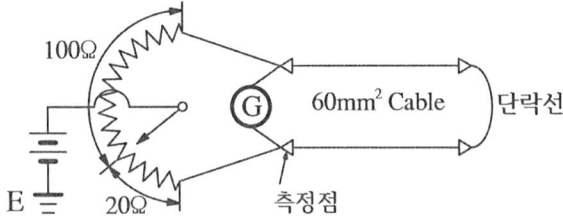

○계산과정 : 고장점까지의 거리를 x, 전장을 L[km]라 하고 휘이스톤 브리지의 원리를 이용하여 계산하면 $20 \times (2L-x) = 100 \times x$이므로

$x = \dfrac{20}{100+20} \times 2L = \dfrac{20}{120} \times 2 \times 6 = 2$[km]   ○정답 : 2[km]

문제 30. 그림과 같이 본 접지 E에 제1보조접지 P, 제2보조접지 C를 설치하여 본 접지 E의 접지저항값을 측정하려고 한다. 본 접지 E의 접지 저항은 몇 [Ω]인가? (단, 본접지와 P사이의 저항값은 86[Ω], 본접지와 C사이의 접지저항값은 92[Ω], P와 C사이의 접지 저항값은 160[Ω]이다.) 기사 05-2, 11-1, 16-3, 19-1, 산기 15-1, 22-1, 22-2(4 ~ 5점)

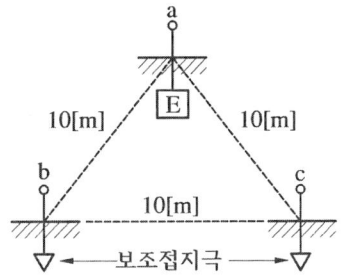

• 계산 $R = \frac{1}{2}(R_{EP} + R_{EC} - R_{PC}) = \frac{1}{2}(86 + 92 - 160) = 9[\Omega]$ ○정답 : $R = 9[\Omega]$

문제 31. 대지 고유 저항률 $400[\Omega \cdot m]$의 장소에 직경 $19[mm]$, 길이 $2400[mm]$인 접지봉을 전부 타입하여 설치할 경우 접지저항값[Ω]을 구하시오. 기사 14-3, 22-1(5점)

○계산과정 : 접지봉의 접지저항

$R = \frac{\rho}{2\pi \ell}\ln\frac{2\ell}{a} = \frac{400}{2\pi \times 2.4} \times \ln\frac{2 \times 2,400}{19/2} = 165.13[\Omega]$

○정답 : $163.15[\Omega]$

[해설] 동봉 접지극의 접지저항

$R = \frac{\rho}{2\pi \ell}\ln\frac{2\ell}{a}[\Omega]$ (단, 접지봉길이 $\ell[m]$, 원통 반지름 $a[mm]$, $b = 2 \times \ell[mm]$)

문제 32. 최대 눈금 250[V]인 전압계 V_1, V_2를 직렬로 접속하여 측정하면 몇 [V]까지 측정할 수 있는가? (단, 전압계 내부 저항 V_1은 $15[k\Omega]$, V_2는 $18[k\Omega]$으로 한다.)
산기 14-3, 19-2(5점)

○계산과정 : 회로의 전류 $I = \frac{V}{R_1 + R_2} = \frac{V}{15000 + 18000} = \frac{V}{33000}[A]$

$R_2 > R_1$이므로 $V_2 = IR_2 = 250[V]$에서 $I = \frac{250}{R_2} = \frac{250}{18000}[A]$

따라서, $I = \frac{250}{18000} = \frac{V}{33000}$ 이므로 $V = \frac{33000}{18000} \times 250 = 458.33[V]$

○정답 : 458.33[V]

6. 약호 및 심벌

문제 33. 다음 전선의 약호를 보고 정확한 명칭을 쓰시오. 산기 13-2(4점)

문제	
①	NF
②	NFI(70)
③	NRI(70)
④	NRI(90)

정답	
①	450/750[V] 일반용 유연성 단심비닐절연전선
②	300/500[V] 기기배선용 유연성 단심비닐절연전선(70℃)
③	300/500[V] 기기배선용 단심비닐절연전선(70℃)
④	300/500[V] 기기배선용 단심비닐절연전선(90℃)

문제 34. 다음 전선의 약호를 보고 명칭을 우리말로 쓰시오. 기사 25-1(5점)
① OW ② DV ③ HFIX

정답란		
①	②	③
옥외용 비닐절연전선	인입용 비닐절연전선	저독성 난연 가교폴리올레핀 절연전선

[해설] KS에 적합한 절연전선 명칭
○ KIV : 기기배선용 단심 비닐절연전선
○ PNCT : 고무절연 클로로프렌 캡타이어케이블
○ VCT : 비닐캡타이어 케이블
○ HFIX(Halogen Free Flame Retardant Cross Linked Polyolefin) : 저독성 난연 가교폴리올레핀 절연전선
○ PNCT : 고무절연 클로로프렌 캡타이어 케이블

문제 35. 다음 전기배선용 도식 기호에 대한 명칭을 쓰시오. 기사 03-2, 11-1, 산기 01-2, 01-3, 02-2, 03-2, 04-3, 05-1, 10-2, 22-3(7점)

문제						
●WP	●EX	●2P	●T	◐2	◐3P	◐E
①	②	③	④	⑤	⑥	⑦

정답						
①	②	③	④	⑤	⑥	⑦
방수형 점멸기	방폭형 점멸기	2극 점멸기	타이머붙이 점멸기	2구 콘센트	3극 콘센트	접지극붙이 콘센트

문제 36. 다음 조건에 맞는 콘센트의 그림기호를 그리시오. 기사 00-1, 02-2, 산기 02-3, 03-2, 04-1, 10-2, 17, 22-2(4~6점)

문제				
벽붙이용	천장에 부착하는 경우	바닥에 부착하는 경우	방수형	2구용
①	②	③	④	⑤

정답				
①	②	③	④	⑤
◐	⊙	⊙▲	◐WP	◐₂

문제 37. 그림과 같은 심벌의 명칭을 구체적으로 쓰시오. 산기 00, 01, 02-3, 03, 05-1, 07, 12-1, 15-1 (5점)

문제				
(1)	(2)	(3)	(4)	(5)

정답				
(1)	(2)	(3)	(4)	(5)
배전반	분전반	제어반	재해방지 전원회로용 배전반	재해방지 전원회로용 분전반

문제 38. 일반 배선에 대한 다음 그림 기호 명칭을 정확히 적으시오. 기사 13-2(3점)

문제			정답	
그림기호	명칭		그림기호	명칭
MD	①		MD	금속 덕트
LD	②		LD	라이팅 덕트
(F7)	③		(F7)	플로어 덕트

7. 전선 가닥수 계산

문제 39. 그림과 같이 외등 3등을 거실, 현관, 대문의 각각의 3장소에서 점멸할 수 있도록 아래 번호의 가닥수를 쓰고 각 점멸기의 기호를 그리시오. 기사 11-3(6점)

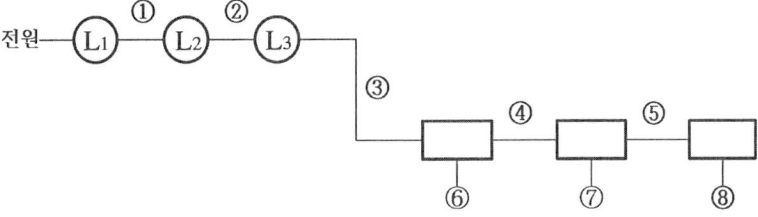

(1) ① ~ ⑤ 까지 전선가닥수를 쓰시오.

문제				
①	②	③	④	⑤

정답				
①	②	③	④	⑤
3가닥	3가닥	2가닥	3가닥	3가닥

(2) ⑥ ~ ⑧ 까지 점멸기의 전기 기호를 그리시오.

문제		
⑥	⑦	⑧

정답		
⑥	⑦	⑧
●₃	●₄	●₃

[해설] 실제 접속도

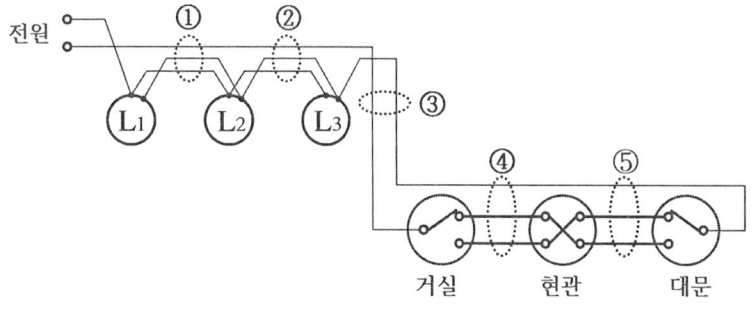

문제 40. 전등 1개를 3개소에서 점멸하기 위하여 3로 스위치 2개, 4로 스위치 1개를 사용한 배선도이다. 실제 전선 접속도를 그리시오. 산기 07-3(5점)

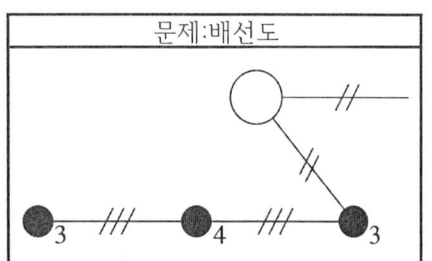
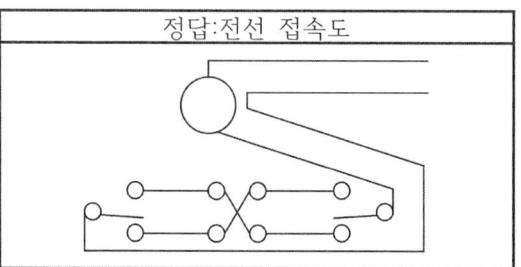

문제 41. 3로 스위치 4개를 사용한 3개소 점멸의 단선도를 참조하여 복선도를 완성하시오. 산기 09-2(4점)

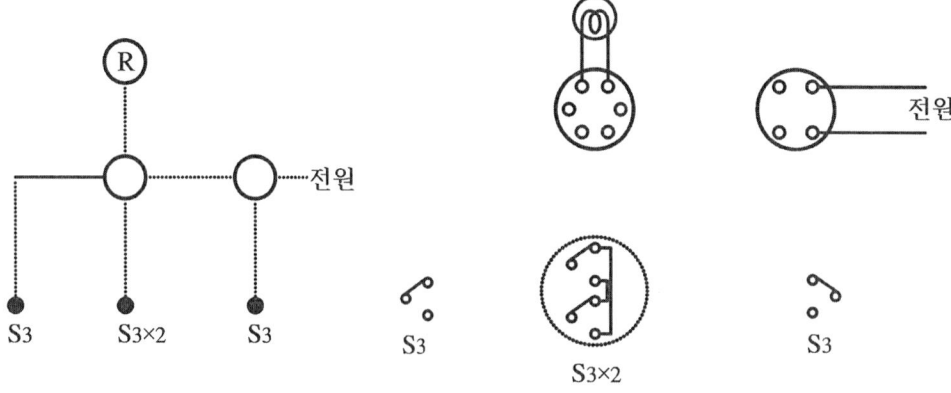

[정답]

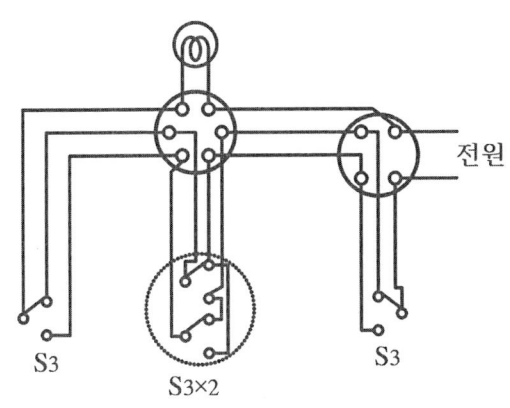

문제 42. 전등을 한 계통의 3개소에서 점멸하기 위하여 3로 스위치 2개와 4로 스위치 1개를 조합하는 경우 이들의 계통도(배선도)를 그리시오. 기사 20-1, 20-2(5점)

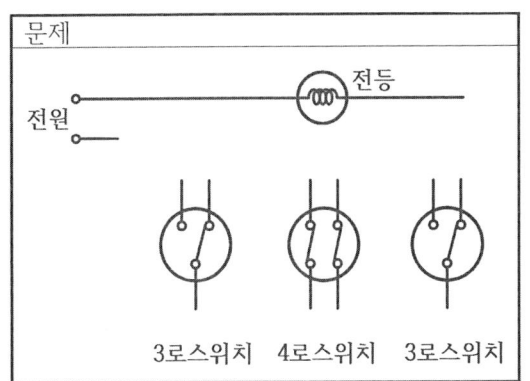 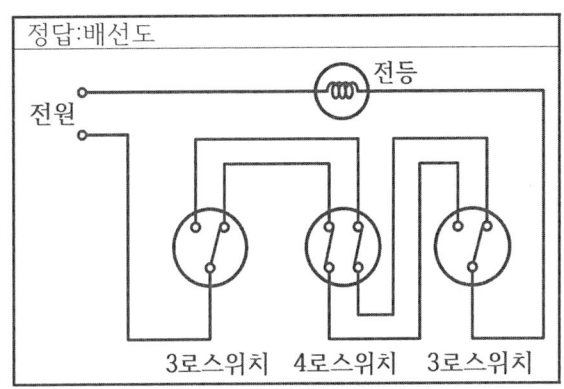

문제 43. 답안지 그림은 옥내 배선도의 일부를 표시한 것이다. ㉠, ㉡ 전등은 A 스위치로, ㉢, ㉣ 전등은 B 스위치로 점멸되도록 설계하고자 한다. 각 배선에 필요한 최소 전선 가닥수를 표시하시오. 기사 06-2, 18-1(5점)

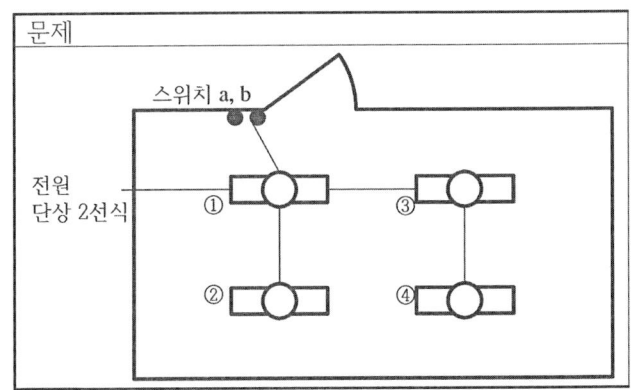 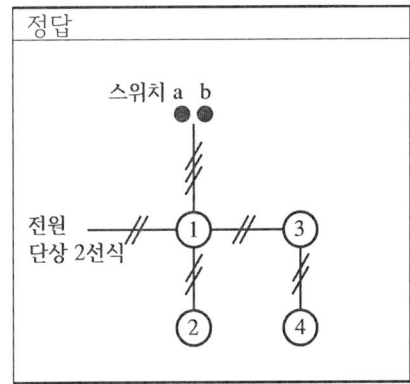

8. 한국전기설비규정 문제

문제 44. 한국전기설비규정에서 정하는 다음의 각 용어에 대한 정의를 쓰시오. 22-2(4점)
(1) PEM 도체((protective earthing conductor and mid-point conductor)
  ○ 직류회로에서 중간도체 겸용 보호도체
(2) PEL 도체(protective earthing conductor and a line conductor)
  ○ 직류회로에서 선도체 겸용 보호도체

문제 45. 특고압 가공전선과 저고압 가공전선 등의 접근 또는 교차에 관한 내용이다. 다음 ①~③에 들어갈 내용을 쓰시오. 산기 17-3, 25-1(5점)

- 특고압 가공전선이 저고압 가공전선과 접근 또는 교차시 특고압 가공전선로는 1차 접근상태로 시설되는 경우 (①) 특고압 보안공사에 의하여야 한다.
- 특고압 가공전선과 저고압 가공전선 등 또는 이들의 지지물이나 지주 사이의 이격거리는 (②)[m]이며, 사용전압이 60,000[V] 초과시 10,000[V] 또는 그 단수마다 (③)[cm] 더한 거리이다.

정답란		
①	②	③
제3종	2	12

문제 46. 어느 전력 계통에서 보호장치를 통해 흐를 수 있는 예상 고장전류가 25[kA], 자동차단을 위한 보호장치의 동작시간이 0.5초이며 보호도체, 절연, 기타 부위의 재질 및 초기온도와 최종온도와 최종온도에 따라 정해지는 계수가 159일 때 이 계통의 보호도체 단면적[mm²]을 구하시오. (단, 보호도체, 절연 기타 부위의 재질 및 초기온도와 최종온도에 따라 정해지는 계수는 KSC IEC 60364-5-54 의 부속서 A에 따른다.) 기사 21-3(4점)

○ 계산과정 : 보호도체의 단면적 $S = \frac{\sqrt{t}}{k} I_s = \frac{\sqrt{0.5}}{159} \times 25 \times 10^3 = 111.18 [\text{mm}^2]$

○ 정답 : 공칭 단면적 $120[\text{mm}^2]$ 선정

문제 47. 다음은 단락보호장치의 설치위치에 대한 내용이다. 설명을 보고 (①)에 알맞은 숫자를 쓰시오. 기사 23-3(3점)

단락전류 보호장치는 분기점(O)에 설치하여야 한다. 다만 아래 그림과 같이 분기회로의 단락보호장치 설치점 (B)과 분기점(O) 사이에 다른 분기회로 또는 콘센트의 접속이 없고, 단락, 화재 및 인체에 대한 위험이 최소화될 경우, 분기회로의 단락보호장치 (P_2)는 분기회로의 분기점(O)으로부터 (①)[m] 까지 이동하여 설치할 수 있다.

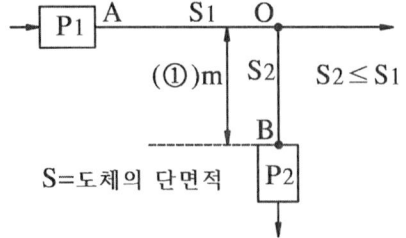

○ 정답 : 3[m]

문제 48. 다음 ( ) 안의 알맞은 값을 써 넣으시오. 기사 23-2(5점)

(1) 배선용차단기의 I_n이라고 할 때 순시트립 범위에 따른 주택용 배선용차단기의 형을 쓰시오.

(1) 배선용 차단기 형	
형	순시 트립 범위
(①)	$3I_n \sim 5I_n$
(②)	$5I_n \sim 10I_n$
(③)	$10I_n \sim 20I_n$

(2) 주택에 사용하는 배선용 차단기			
정격전류	시간(분)	정격전류 배수	
		부동작전류	동작전류
63[A]이하	60분	(④)배	(⑤)배
63[A]초과	120분	(④)배	(⑤)배

정답란				
①	②	③	④	⑤
B	C	D	1.13	1.45

문제 49. 다음은 전압의 구분 및 종류에 대한 내용이다. 다음 (   )에 들어갈 내용을 쓰시오. 산기 23-3(5점)

○ (①) 은/는 전선로를 대표하는 선간전압을 말하고, 이전압으로 그 계통의 송전전압을 나타낸다.
○ (②) 은/는 그 전선로에 통상 발생하는 최고의 선간전압으로서 염해대책, 1선 지락 고장시 내부이상 전압, 코로나 장해, 정전 유도 등을 고려할 때의 표준이 되는 전압이다.

정답란	
①	②
공칭전압	최고전압

해설 : 전압의 정의
공칭전압:전선로를 대표하는 선간전압
최고전압:그 전선로에 통상 발생하는 최고의 선간전압
정격전압:3상 회로에서 사용가능한 전압의 한도

문제 50. 다음 한국전기설비규정(KEC)에서 과전류 보호에 대한 내용이다. 괄호 안의 ①, ②에 알맞은 내용을 쓰시오. 기사 23-3(4점)

[회로의 특성에 따른 요구사항]
중성선을 (①) 및 (②)하는 회로의 경우에 설치하는 개폐기 및 차단기는 (①)시에는 중성선이 선도체보다 늦게 (①)되어야 하며, (②)시에는 선도체와 동시 또는 그 이전에 (②)되는 것을 설치하여야 한다.

정답란	
①	②
차단	재폐로

[해설] 중성선의 차단 및 재폐로
 중성선을 차단 및 재폐로하는 회로의 경우에 설치하는 개폐기 및 차단기는 차단 시에는 중성선이 선도체보다 늦게 차단되어야 하며, 재폐로 시에는 선도체와 동시 또는 그 이전에 재폐로 되는 것을 설치하여야 한다.

문제 51. 전기사용장소의 사용전압이 저압인 전로의 전선 상호간 및 전로의 대지 사이의 절연저항은 개폐기 또는 과전류 차단기로 구분할 수 있는 전로마다 다음 표에서 정한 값 이상이어야 한다. 다음 ( )안에 들어갈 내용을 답란에 쓰시오. 기사 21-1, 산기 17-1 (6점)

전로의 사용전압[V]	DC시험전압[V]	절연저항[MΩ]
SELV 및 PELV	(①)	(②)
FELV, 500[V] 이하	(③)	(④)
500V 초과	(⑤)	(⑥)
[주] 특별저압(ELV:2차 전압이 AC 50[V], DC 120[V] 이하)으로 SELV(비접지회로 구성) 및 PELV(접지회로 구성)은 1차와 2차가 전기적으로 절연된 회로, FELV는 1차와 2차가 전기적으로 절연되지 않은 회로		

○ 정답 :

①	②	③	④	⑤	⑥
250	0.5	500	1.0	1,000	1.0

문제 52. 피뢰시스템-제3부 :구조물의 물리적 손상 및 인명위험(KSC IEC 62305-3:2012)에 따른 피뢰시스템의 등급에 대한 설명이다. 다음 데이터 중 피뢰시스템의 등급과 관계가 있는 데이터와 없는 데이터를 구분하여 기호로 모두 쓰시오. 기사 21-2(6점)

[데이터]
ⓐ 회전구체의 반지름, 메시의 크기 및 보호각
ⓑ 인하도선 사이 및 환상도체 사이의 전형적인 최적거리
ⓒ 수뢰부시스템으로 사용되는 금속판과 금속관의 최소 두께
ⓓ 피뢰시스템의 재료 및 사용조건
ⓔ 접지극의 최소길이
ⓕ 접속도체의 최소치수
ⓖ 위험한 불꽃 방전에 대비한 이격거리

(1) 피뢰시스템 등급과 관계있는 데이터 : ⓐ, ⓑ, ⓔ, ⓖ
(2) 피뢰시스템 등급과 관계없는 데이터 : ⓒ, ⓓ, ⓕ

[해설] 피뢰시스템 등급을 결정하는 요인
○ 회전구체의 반지름, 메시의 크기 및 보호각의 최대값
○ 인하도선 사이 및 환상도체 사이의 전형적인 최적거리
○ 접지극의 최소길이
○ 위험한 불꽃 방전에 대비한 이격거리
○ 뇌격전류 파라미터(최소피크전류)

문제 53. 다음 그림은 TN-S계통으로 계통 내에 별도의 중성선(N)과 보호도체(PE)가 있는 접

지방식에 대한 미완성 계통도를 나타낸 것이다. TN-S 방식의 접지계통을 완성하시오. 기사 18-1, 23-2, 산기 16-3, 21-1(5점)

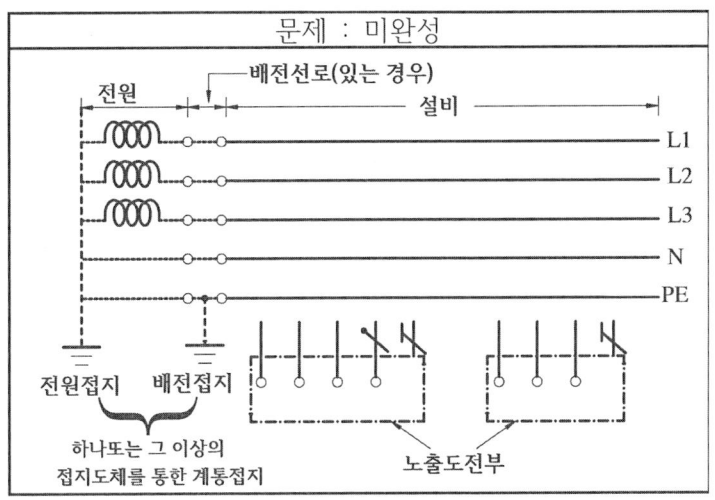

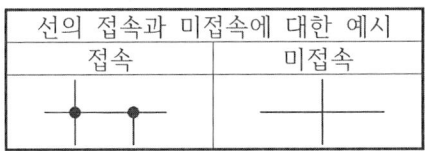

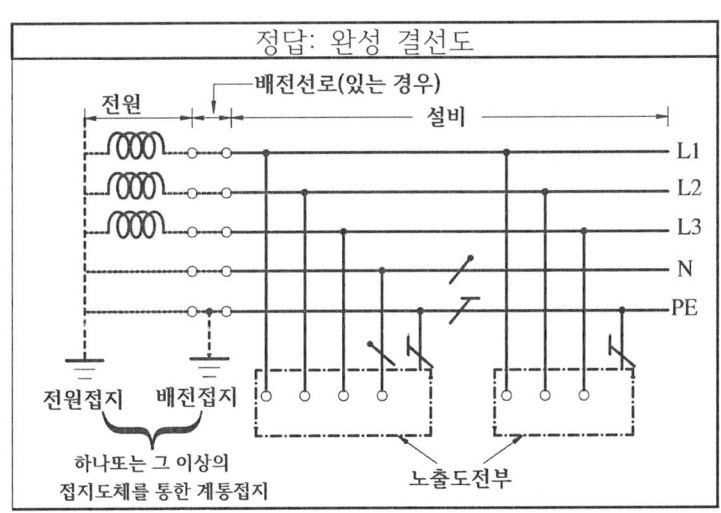

문제 54. 전기설비 방폭화한 방폭기기의 구조에 따른 종류 중 4가지만 쓰시오. 기사 07-2, 14-1, 14-2, 22-3, 24-3 산기 09-1(4점)
○ 내압 방폭구조
○ 유입 방폭구조
○ 안전증가 방폭구조
○ 본질안전 방폭구조
[해설]정답 외 종류
○ 특수 방폭구조
○ 분진 방폭방진구조
[해설] 전기설비 방폭설비 :위험한 분진이나 가스, 아크, 증기 등으로 인한 폭발 위험이 발생할 우려가 있는 곳에 설치하는 전기설비

문제 55. 다음은 전기안전관리자의 직무에 관한 고시에 따라 안전관리업무를 대행하는 안전관리자가 점검을 실시해야 하는 전기설비의 용량별 점검 횟수 및 간격에 대한 기준을 나타낸 것이다. ( )안에 알맞은 내용을 쓰시오. 기사 22-2(5점)

용량별		점검 횟수	점검 간격
저압	1 ~ 300[kW]이하	월 1 회	20일 이상
	300[kW]초과	월 2 회	10일 이상
고압 이상	1 ~ 300[kW]이하	월 1 회	20일 이상
	300[kW]초과 500[kW]이하	월 (①) 회	(②)일 이상
	500[kW]초과 700[kW]이하	월 (③) 회	(④)일 이상
	700[kW]초과 1,500[kW]이하	월 (⑤) 회	(⑥)일 이상
	1,500[kW]초과 2,000[kW]이하	월 (⑦) 회	(⑧)일 이상
	2,000[kW]초과	월 (⑨) 회	(⑩)일 이상

○ 정답 :

①	②	③	④	⑤	⑥	⑦	⑧	⑨	⑩
2	10	3	7	4	5	5	4	6	3

문제 56. 건축전기설비에서 전력설비의 간선을 설계하고자 한다. 간선 설계시 고려할 사항 5가지를 쓰시오. 기사 18-1, 23-1(5점)

○ 전기방식 및 배선 방식
○ 장래증축계획 유무
○ 간선경로에 따른 위치와 공간
○ 부하의 사용상태나 수용률, 효율, 역률 등의 요소
○ 동력제어방식, 제어반 위치 등의 시공범위 사항

제6장. 시퀀스 제어 기출문제

1. 유접점 회로와 무접점 회로

문제 1. 다음 그림은 논리 게이트의 기호이다. 각 물음에 답하시오. 기사 22-1(6점)

(1) 논리 게이트의 기호 명칭을 쓰시오. ○정답 : 배타적 부정 논리합 회로

(2) 논리 게이트의 논리식을 쓰시오.
○ 출력 $Y = \overline{A \cdot \overline{B} + \overline{A} \cdot B} = (\overline{A}+B) \cdot (A+\overline{B}) = \overline{A} \cdot A + \overline{A} \cdot \overline{B} + A \cdot B + \overline{B} \cdot B$
$= \overline{A} \cdot \overline{B} + A \cdot B$
○정답 $Y = \overline{A} \cdot \overline{B} + A \cdot B$

(3) 논리 게이트의 진리표를 완성하시오.

문제		
A	B	
0	0	
0	1	
1	0	
1	1	

정답		
A	B	Y
0	0	1
0	1	0
1	0	0
1	1	1

문제 2. 그림과 같은 회로의 출력을 입력변수로 나타내고 AND 회로 1개, OR 회로 2개, NOT 회로 1개를 이용한 등가회로를 그리시오. 기사 03-1, 05-3, 11, 19-1(5점)

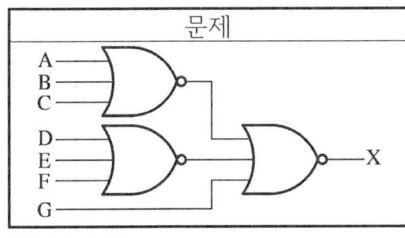
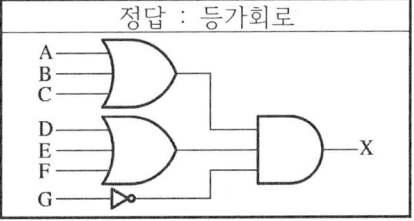

• 출력식 $X = \overline{\overline{(A+B+C)} + \overline{(D+E+F)} + \overline{G}} = (A+B+C) \cdot (D+E+F) \cdot \overline{G}$

문제 3. 그림과 같은 논리회로도를 보고 다음 각 물음에 답하시오. 기사 05-1, 22-3(6점)
(1) 출력식을 구하시오.
(2) 주어진 논리회로를 유접점 회로로 바꾸어 그리시오.

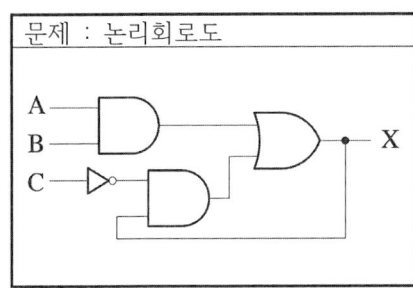

(1) 정답 : 출력식

출력 $X = AB + \overline{C}X$

(2) 정답 : 유접점 회로

문제 4. 그림의 유접점 시퀀스 제어회로에 대한 다음 각 물음에 답하시오. 기사 22-2(4점)
(단, 회로 작성시 선의 접속 및 미접속에 대한 예시를 참고하여 작성하시오.)

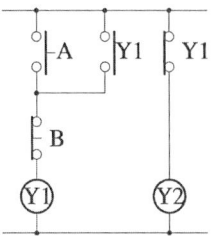

선의 접속과 미접속에 대한 예시	
접속	미접속
•—•	┼

(1) 주어진 시퀀스 제어회로에서 Y1 및 Y2를 출력으로 하는 논리식을 작성하시오.
  ○ Y1 = (A + Y1)$\overline{B}$ ○ Y2 = $\overline{Y1}$

(2) "(1)"에서 구한 논리식을 논리회로로 작성하시오.

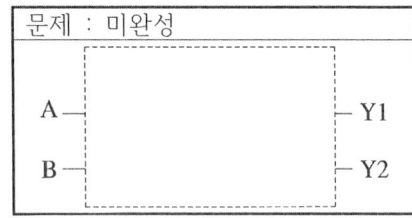
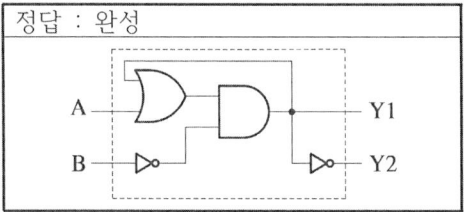

문제 5. 보조릴레이 A, B, C의 계전기로 출력(H레벨)이 생기는 유접점 회로와 논리회로를 그리시오. 단, 유접점 회로의 보조 릴레이의 접점은 모두 a접점 만을 사용하고, 논리회로는 AND(2입력, 1출력), OR(2입력, 1출력)만 사용하도록 한다. 기사 04-2, 07-1, 21-1(6점)

(1) A와 B를 같이 ON하거나 C를 ON할 때 X1 출력되는 경우

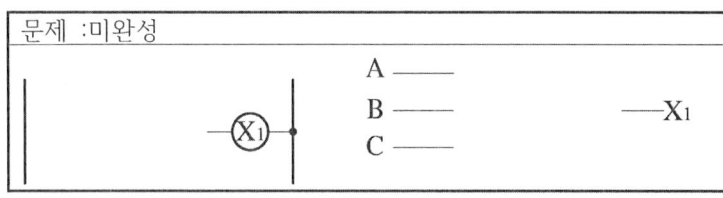

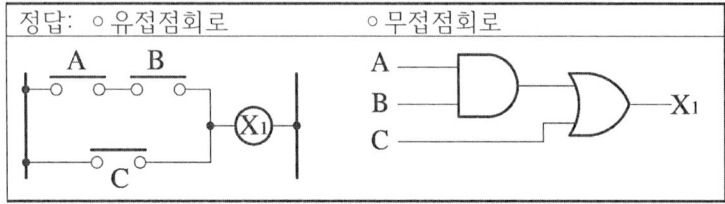

(2) A를 ON하고 B 또는 C를 ON할 때 X2 출력되는 경우

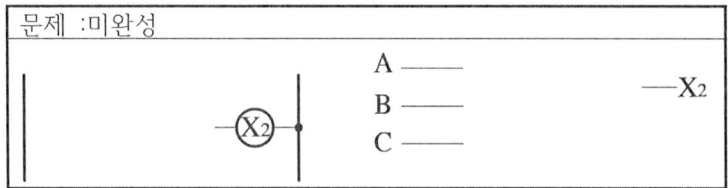

정답: ○유접점회로   ○무접점회로

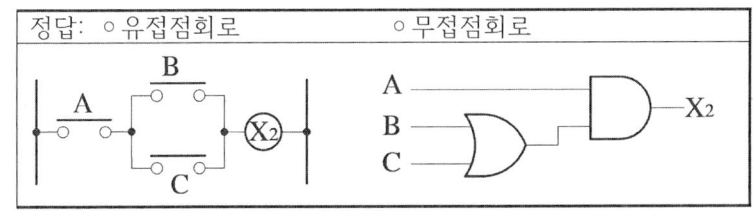

문제 6. 논리식 $X = (A+B) \cdot \overline{C}$ 에 대한 다음 각 물음에 답하시오.
(단, A, B, C는 입력이고 X는 출력이다. 회로 작성시 선의 접속 및 미접속에 대한 예시를 참고하여 작성하시오. 기사 03-2(9점), 23-1(6점), 유사문제 다수, 산기 22-1(5점)

(1) 주어진 논리식에 대한 논리회로를 작성하시오.

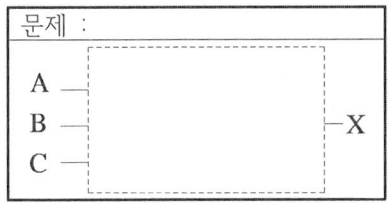
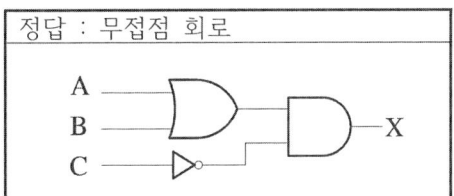

(2) "(1)"항의 논리회로를 NOR 게이트만을 사용한 논리회로로 작성하시오.
(단, 최소한의 NOR 게이트를 사용하고 NOR 게이트는 2입력을 사용한다.)
NOR 게이트를 활용하기 위해
$X = \overline{\overline{X}}$ 를 정리하면 $X = \overline{\overline{(A+B) \cdot \overline{C}}} = \overline{\overline{(A+B)} + C}$

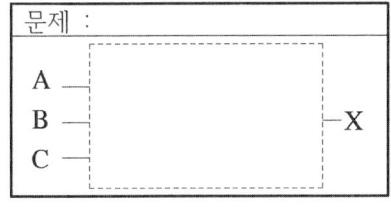
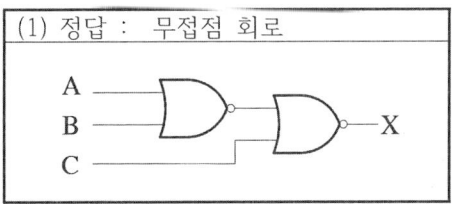

문제 7. 다음 논리식에 대한 물음에 답하시오. (단, 여기에서 A, B, C는 입력이고, X는 출력이다.)
기사 03-2, 10-2, 23-1(6~9점)
[논리식] $X = A + B \cdot \overline{C}$

(1) 논리식을 로직 시퀀스도로 나타내시오.

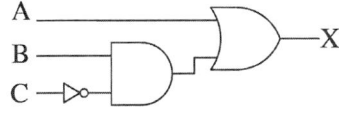

(2) 물음 (1)항에서 로직 시퀀스도로 표현 된 것을 2입력 NAND gate를 최소로 사용하여 동일한 출력이 나오도록 회로를 변환하시오.

(3) 물음 (1)항에서 로직 시퀀스도로 표현된 것을 2입력 NOR gate를 최소로 사용하여 동일한 출력이 나오도록 회로를 변환하시오.

(2) 정답	(3) 정답
출력 $X = A + B \cdot \overline{C} = \overline{\overline{A + B \cdot \overline{C}}}$ $= \overline{\overline{A} \cdot (\overline{B} + C)}$ $= \overline{\overline{A} \cdot \overline{\overline{(B+C)}}} = \overline{\overline{A} \cdot \overline{B} \cdot \overline{C}}$	출력 $X = A + B \cdot \overline{C} = (A+B) \cdot (A + \overline{C})$ $= \overline{\overline{(A+B) \cdot (A+\overline{C})}}$ $= \overline{\overline{(A+B)} + \overline{(A+\overline{C})}}$

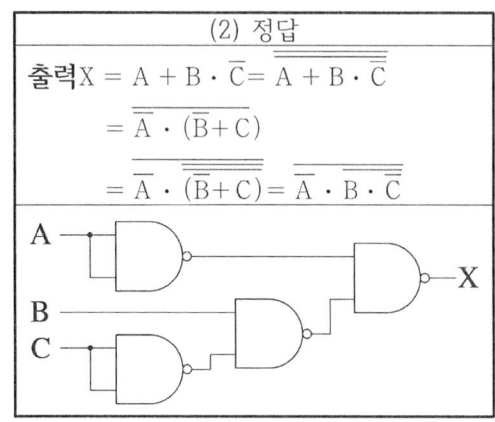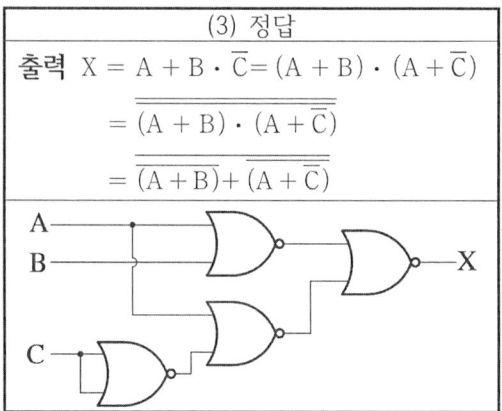

문제 8. 어느 회사에서 한 부지에 A, B, C의 세 공장을 세워 3대의 급수펌프 P_1(소형), P_2(중형), P_3(대형)으로 다음 계획에 따라 급수 계획을 세웠다. 이 계획을 잘 보고 다음 물음에 답하시오. 산기 86, 88, 98, 02, 03, 10-3, 18-3, 22-3, 24-2(7~12점)

[급수계획]

① 모든 공장 A, B, C가 휴무일 때 또는 그 중 한 공장만 가동할 때에는 펌프 P1만 가동시킨다.
② 모든 공장 A, B, C 중 어느 것이나 두 개의 공장만 가동할 때에는 P2만 가동시킨다.
③ 모든 공장 A, B, C가 모두 가동할 때에는 P3만 가동시킨다.

(1) 조건과 같은 진리표를 작성하시오.

(1) 진리표 문제							(1) 정답						
A	B	C	P_1	P_2	P_3		A	B	C	P_1	P_2	P_3
0	0	0					0	0	0	1	0	0
0	0	1					0	0	1	1	0	0
0	1	0					0	1	0	1	0	0
0	1	1					0	1	1	0	1	0
1	0	0					1	0	0	1	0	0
1	0	1					1	0	1	0	1	0
1	1	0					1	1	0	0	1	0
1	1	1					1	1	1	0	0	1

(2) 급수펌프 P_1, P_2에 대한 출력식을 나타내고 간략화하시오.

○ $P_1 = \overline{A}\,\overline{B}\,\overline{C} + \overline{A}\,\overline{B}\,C + \overline{A}\,B\,\overline{C} + A\,\overline{B}\,\overline{C} = \overline{A}\,\overline{B}\,\overline{C} + \overline{A}\,\overline{B}\,C + \overline{A}\,B\,\overline{C} + A\,\overline{B}\,\overline{C} + \overline{A}\,\overline{B}\,\overline{C} + \overline{A}\,\overline{B}\,\overline{C}$

$= \overline{A}\,\overline{B}(\overline{C}+C) + \overline{A}\,\overline{C}(B+\overline{B}) + \overline{B}\,\overline{C}(A+\overline{A})$

$= \overline{A}\,\overline{B} + \overline{A}\,\overline{C} + \overline{B}\,\overline{C} = \overline{A}\,\overline{B} + (\overline{A}+\overline{B})\overline{C}$

○ $P_2 = \overline{A}BC + A\overline{B}C + AB\overline{C} = \overline{A}BC + A(\overline{B}C + B\overline{C})$

(3) 급수펌프 P_1, P_2에 대한 논리회로를 작성하시오.
(단, A, B, C는 입력이며 P_1, P_2, P_3는 출력이다.)

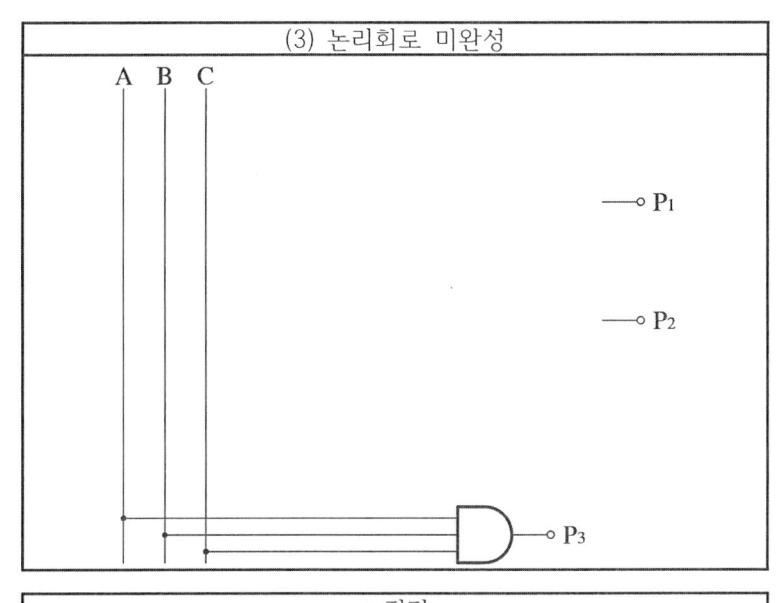

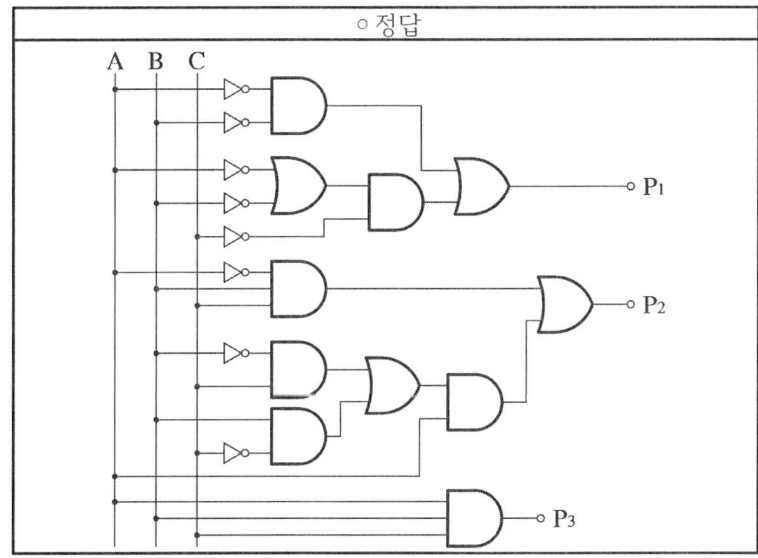

2. 시퀀스 제어 회로

문제 9. 아래 그림은 전자개폐기 MC에 의한 시퀀스 회로를 개략적으로 그린 것이다. 이 그림을 보고 다음 각 물음에 답하시오. 기사 00-2, 04, 06-1, 06-3, 10-3, 23-3 (5~7점)

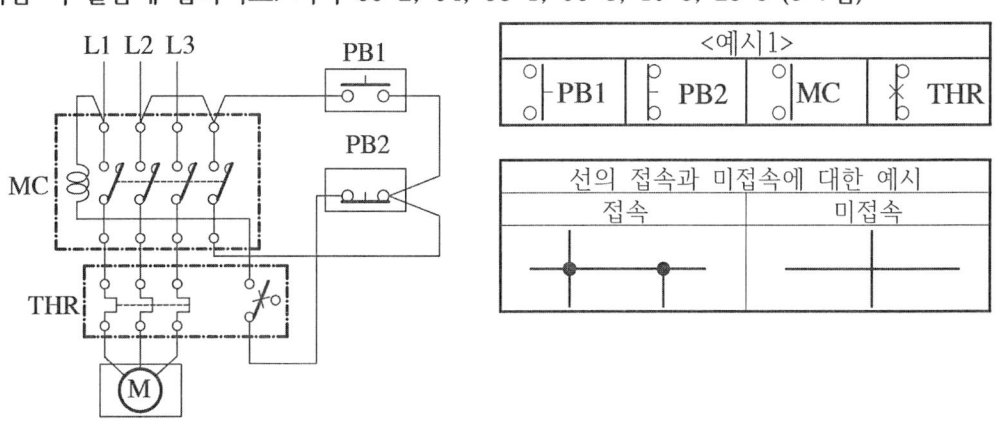

(1) 그림과 같은 회로를 전자개폐기 MC의 보조접점을 사용하여 자기유지가 될 수 있는 일반적인 시퀀스 회로로 예시 2가지를 참고하여 그리시오.

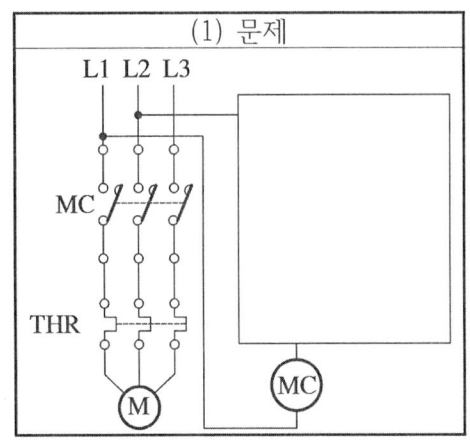
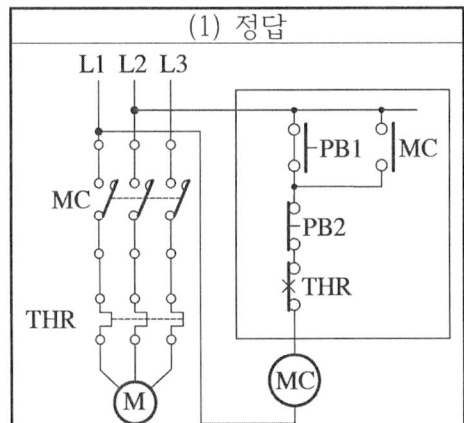

(2) 시간 T_3에 열동계전기(THR)가 작동하고, 시간 T_4에서 수동으로 복귀하였다. 이때의 MC의 동작을 타임 차트로 표시하시오. (단, 열동계전기는 평상 시 도통 상태로 간주한다.)

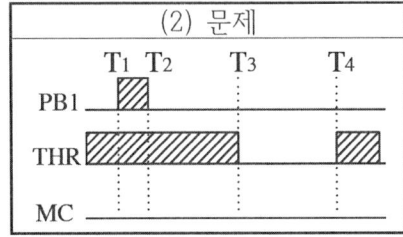
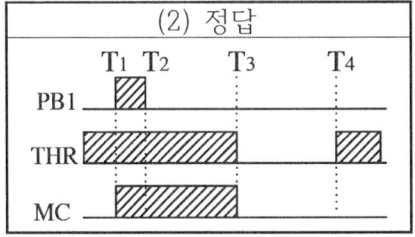

문제 10. 그림과 같은 시퀀스회로를 보고 다음 각 물음에 답하시오.
(단, R_1, R_2, R_3는 보조 릴레이이다.) 산기 08-3, 13-1, 17-2(7~12점)

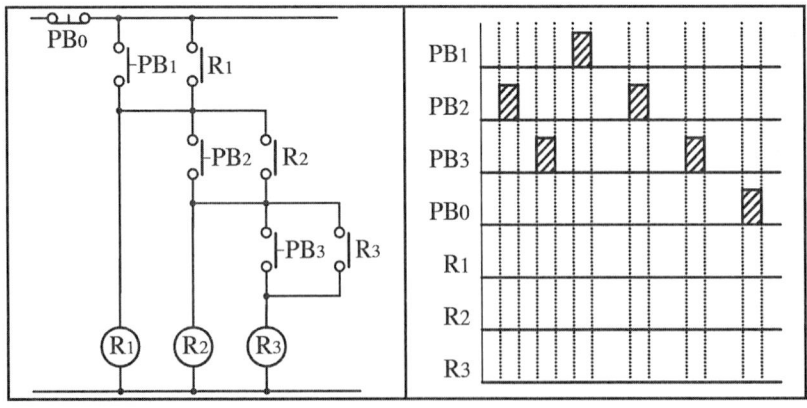

(1) 전원 측의 가장 가까운 누름버튼스위치 PB$_1$으로부터 PB$_2$, PB$_3$, PB$_0$까지 ON 조작할 경우의 동작 사항을 설명하시오. (단, 여기에서 ON조작은 누름버튼 스위치를 눌러주는 역할을 말한다.)

동작조건	동작사항 설명
$PB_1 ON$	R_1 여자되고 자기유지
$PB_2 ON$	R_2 여자되고 자기유지
$PB_3 ON$	R_3 여자되고 자기유지
$PB_0 ON$	R_1, R_2, R_3가 동시에 소자

(2) 최초에 PB_2를 ON 조작한 경우의 동작 상황을 설명하시오.
○ 동작하지 않는다.

(3) 타임차트의 누름버튼스위치 PB_1, PB_2, PB_3, PB_0와 같은 타이밍으로 ON 조작하였을 때 타임차트의 R_1, R_2, R_3의 동작상태를 그림으로 완성하시오.

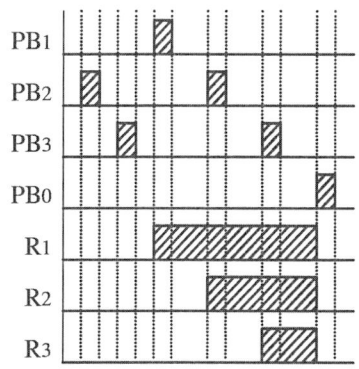

문제 11. 그림은 PB ON 스위치를 ON한 후 일정 시간이 지난 다음에 MC가 동작하여 전동기 M이 운전되는 회로이다. 여기에 사용한 타이머 ⓣ는 입력 신호를 소멸했을 때 열려서 이탈되는 형식인데 전동기기 회전하면 릴레이 Ⓧ가 복구되어 타이머에 입력 신호가 소멸되고 전동기는 계속 회전할 수 있도록 할 때 이 회로는 어떻게 수정되어야 하는지 미완성 도면을 완성하시오. (단, 전자접촉기 MC의 보조 a, b접점은 각각 1개씩만 추가하여 사용한다. 기사 91, 98, 12-1, 18-1(5점)

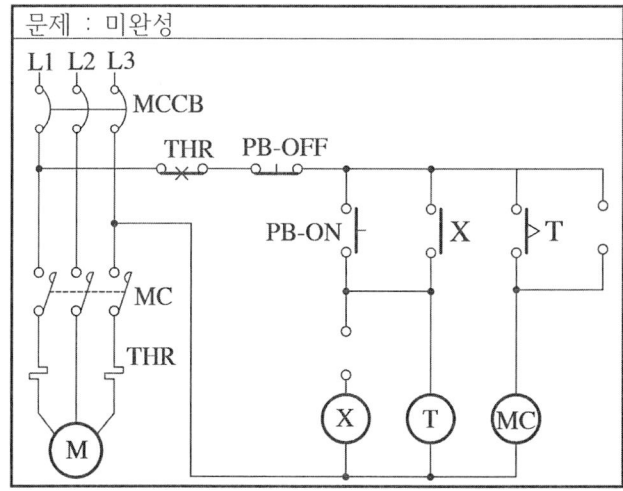

정답 : 완성결선도

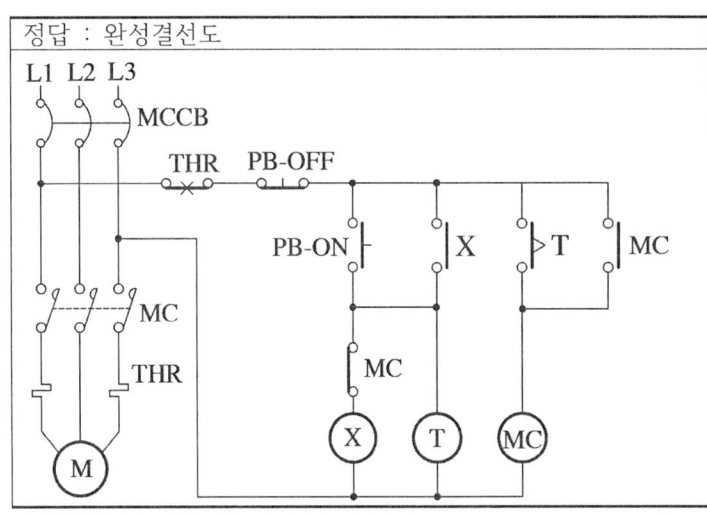

문제 12. 다음 조건과 같은 동작이 되도록 제어회로의 배선과 감시반 회로 배선 단자를 상호 연결하시오. 기사 16-1, 23-1(5점)

[조건]
· 배선용차단기(MCCB)를 투입(ON)하면 GL1과 GL2가 점등된다.
· 선택스위치(SS)를 "L"위치에 놓고 PB2를 누른 후 놓으면 전자접촉기(MC)에 의하여 전동기가 운전되고, RL1과 RL2는 점등, GL1과 GL2는 소등된다.
· 전동기 운전 중 PB1을 누르면 전동기는 정지하고, RL1과 RL2는 소등, GL1과 GL2는 점등된다.
· 선택스위치(SS)를 "R"위치에 놓고 PB3를 누른 후 놓으면 전자접촉기(MC)에 의하여 전동기가 운전되고, RL1과 RL2는 점등, GL1과 GL2는 소등된다.
· 전동기 운전 중 PB4을 누르면 전동기는 정지하고, RL1과 RL2는 소등되고 GL1과 GL2가 점등된다.
· 전동기 운전 중 과부하에 의하여 EOCR이 작동되면 전동기는 정지하고 모든 램프는 소등되며, EOCR을 RESET하면 초기상태로 된다.

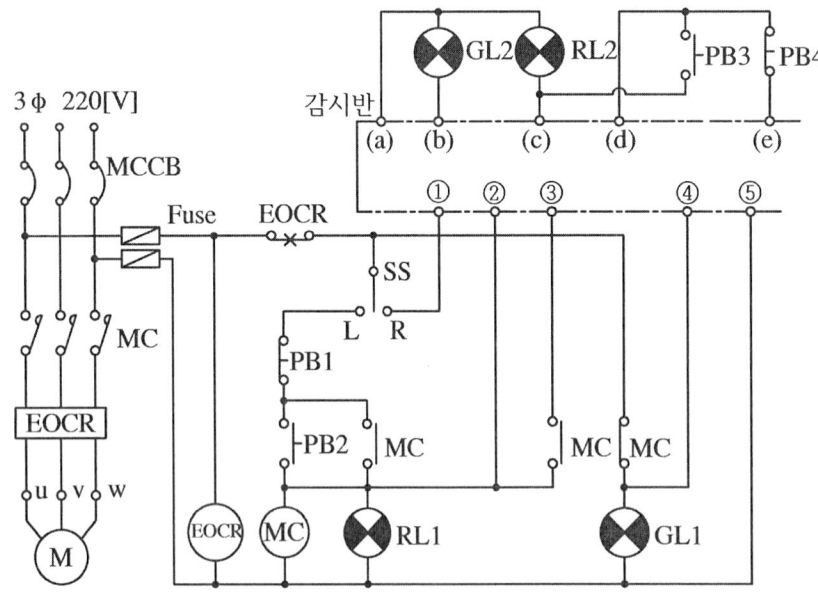

문제						정답				
(a)	(b)	(c)	(d)	(e)		(a)	(b)	(c)	(d)	(e)
						⑤	④	②	③	①

문제 13. 다음 시퀀스도의 동작 원리를 보고 물음에 답하시오. 기사 01-3, 07-1, 산기 00-6, 08-2, 10-2 (10점)

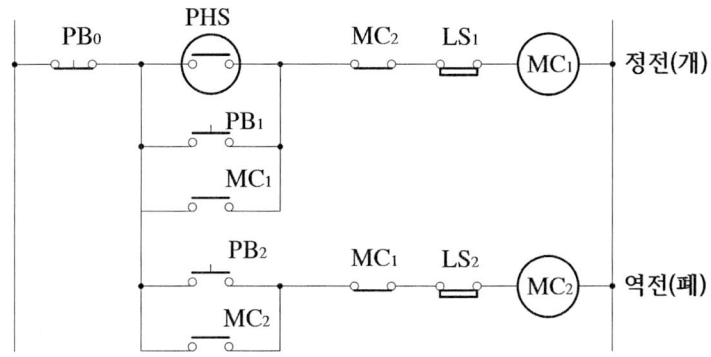

[동작 설명] 자동차 차고의 셔터에 라이트가 비치면 PHS에 의해 자동으로 열리고, 또한 PB_1를 조작해도 열린다. 셔터를 닫을 때는 PB_2를 조작하면 셔터는 닫힌다. 리미트 스위치 LS_1은 셔터의 상한이고, LS_2는 셔터의 하한이다.

(1) MC_1, MC_2의 a 접점은 어떤 역할을 하는 접점인가?
  ○정답 : 자기유지

(2) MC_1, MC_2의 b 접점은 어떤 역할을 하는가?
  ○정답 : 인터록(정·역 회전 동시 투입 방지)

(3) LS_1, LS_2는 어떤 역할을 하는가?
  ○정답 LS_1 : 셔터의 상한점을 감지하여 MC_1을 무여자시킨다.
       LS_2 : 셔터의 하한점을 감지하여 MC_2를 무여자시킨다.

(4) 시퀀스 도에서 PHS(또는 PB_1)과 PB_2를 타임차트와 같은 타이밍으로 ON 조작하였을 때의 타임 차트를 완성하시오.

문제 14. 그림은 3상 유도전동기의 Y-△기동방식의 주회로 부분이다. 다음 물음에 답하시오.
기사 04-3, 15-2, 17-2(6~9점)

(1) 주회로 부분의 미완성 회로에 대한 결선을 완성하시오.

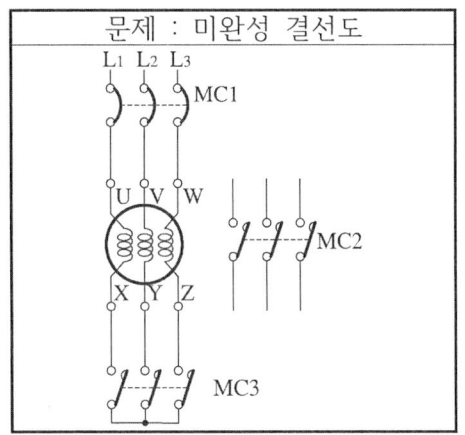
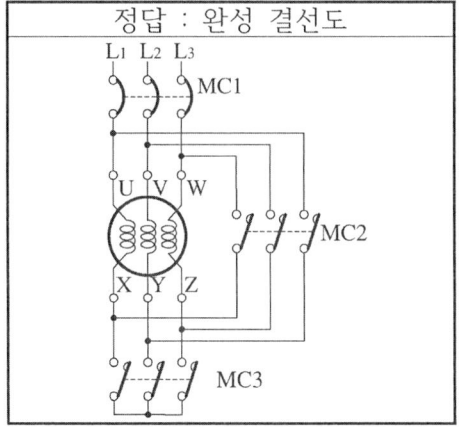

(2) Y-△ 기동과 전전압 기동에 대하여 기동전류 비를 제시하여 설명하시오.

  ○ 정답 : Y-△ 기동시 기동전류는 전전압 기동전류보다 $\frac{1}{3}$ 배로 감소한다.

△결선 전류	Y 결선 전류
상전류 $I_{\Delta P} = \frac{V}{R}$ [A] △결선 전류 $I_\Delta = \sqrt{3} I_P = \sqrt{3}\frac{V}{R}$ [A]	상전압 $V_P = \frac{V}{\sqrt{3}}$ [V] Y결선 전류 $I_Y = I_{YP} = \frac{V_P}{R} = \frac{V}{\sqrt{3}R}$ [V]
$\frac{I_Y}{I_\Delta} = \frac{\frac{V}{\sqrt{3}R}}{\sqrt{3}\frac{V}{R}} = \frac{1}{3}$ 이므로 $I_Y = \frac{1}{3} I_\Delta$ [A]	

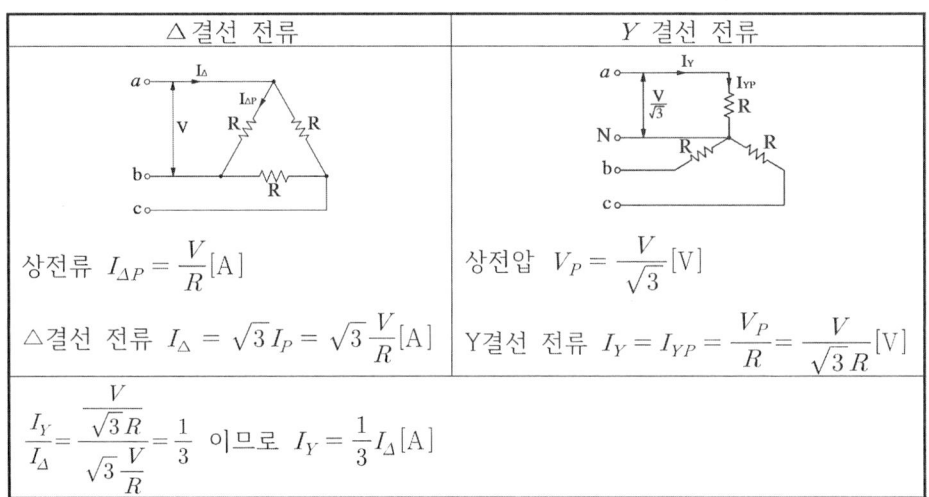

(3) Y-△ 기동법에 대해 간단히 설명하시오.

  ○ 정답 : 전동기 기동 시 기동전류를 제한하기 위하여 Y결선으로 기동한 후에 타이머 setting 시간이 지나면 △결선으로 운전하는 기동법이며 기동시 Y와 △는 동시투입되지 않는다.

문제 15. 그림은 3상 유도전동기의 역상 제동 시퀀스 회로도이다. 다음 물음에 답하시오.(플러깅 릴레이 S_P는 전동기가 회전하면 접점이 닫히고, 속도가 0에 가까우면 열리도록 되어 있다.) 산기 02-1, 04-3, 05-3(8점)

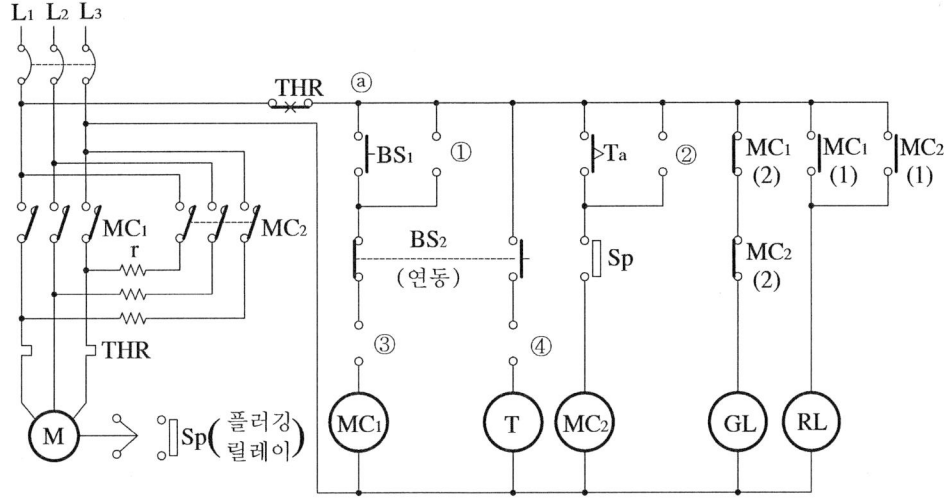

(1) 회로에서 ① ~ ④에 해당하는 접점과 기호를 쓰시오.

정답란			
①	②	③	④
MC₁ (a접점)	MC₂ (a접점)	MC₂ (b접점)	MC₁ (b접점)

(2) MC₁, MC₂의 동작 과정을 간단히 설명하시오.
① BS₁을 누르면 MC₁이 여자 되어 전동기는 정회전을 시작하며 자기유지 된다. 또한 GL램프는 소등되고 RL 램프는 점등된다.
② BS₂을 눌러 MC₁이 무 여자 상태로 되면 전동기는 전원에서 분리되지만 관성모멘트로 인하여 전동기는 정회전을 일정 시간 계속 유지한다. 이때 BS₂의 연동 접점으로 타이머 T가 MC₁의 무 여자 상태 변환 즉시 여자되며, BS₂를 누르고 있는 상태에서 타이머 설정 일정 시간 후 MC₂가 여자 되어 전동기는 역회전을 시작하여 자기유지 된다.
③ 전동기의 속도가 급격히 감소하여 0에 가까워지면 플러깅 릴레이에 의하여 전동기는 전원에서 완전히 분리되어 급정지한다.(플러깅 제동)

(3) 보조 릴레이 T와 저항 r에 대하여 그 용도 및 역할에 대하여 간단히 설명하시오.
• 보조릴레이 T : 시간 지연 릴레이를 사용하여 MC₁과 MC₂의 동시 동작을 방지하고 제동 시 과전류를 방지하는 시간적인 여유를 주기 위한 것
• 저항 r : 역상 제동 시 전 전압에서 제동력이 클 경우 저항의 전압 강하로 전압을 줄이고 제동력을 제한하는 역할

문제 16. 그림과 같은 유도전동기의 미완성 시퀀스 회로도를 보고 다음 각 물음에 답하시오. 산기 00-4, 03-2, 14-3, 20-2(10점)

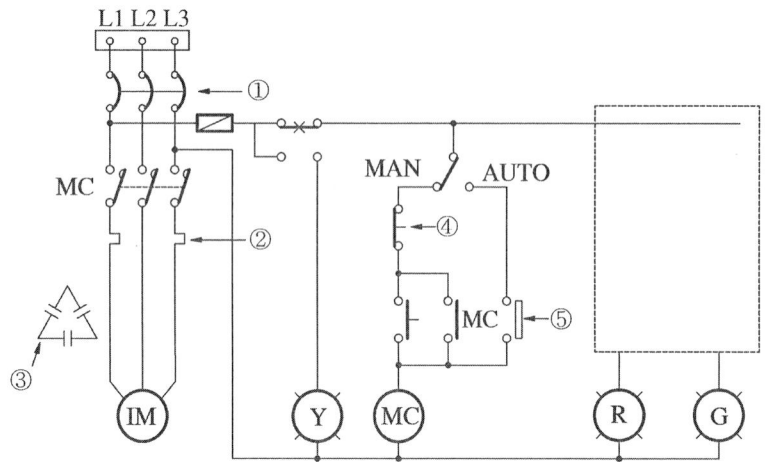

(1) 도면에 표시된 ① ~ ⑤의 약호와 명칭을 쓰시오.

문제					
구분	①	②	③	④	⑤
약 호					
한글 명칭					

정답					
구분	①	②	③	④	⑤
약호	MCCB	THR	SC	PBS	LS
한글명칭	배선용차단기	열동계전기	전력용콘덴서	정지용 푸시버튼스위치	리미트스위치

(2) 도면에 그려져 있는 Ⓨ등은 어떤 역할을 하는 등인가?
  ○정답 : 전동기 과부하로 인한 열동계전기 동작 표시등

(3) 전동기가 정지하고 있을 때는 녹색 램프 Ⓖ가 점등되고, 전동기가 운전 중일 때는 녹색 램프 Ⓖ가 소등되고 적색 램프 Ⓡ이 점등되도록 표시 램프 Ⓖ, Ⓡ을 회로의 ☐ 내에 그려 완성하시오. (단, 전자접촉기 MC의 a, b 접점을 이용하여 회로도를 완성하시오.)

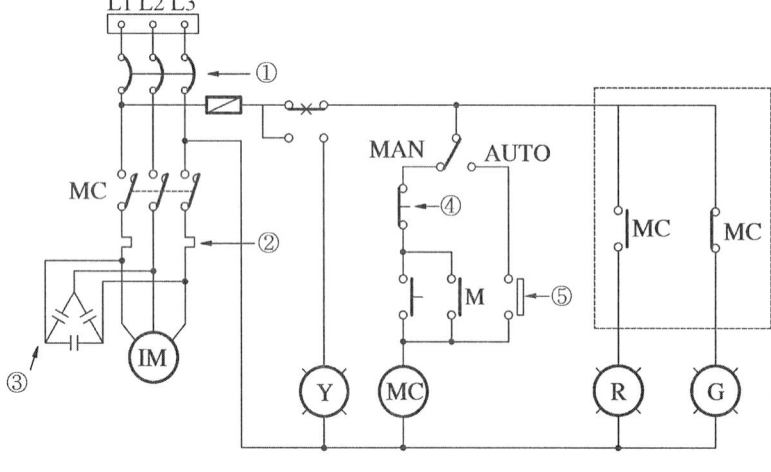

(4) ③의 역할을 쓰시오.

   ○정답 : 전동기 역률을 개선하는 역할

문제 17. 그림은 전동기의 정·역 운전이 가능한 미완성 시퀀스 회로도의 일부이다. 이 회로도를 보고 다음 각 물음에 답하시오. (단, 전동기는 가동 중 정·역운전을 곧바로 바꾸면 과전류와 기계적 손상이 발생하기 때문에 지연 타이머로 지연시간을 주도록 하였다.) 산기 01, 03-3, 08-1, 20-4(6~10점)

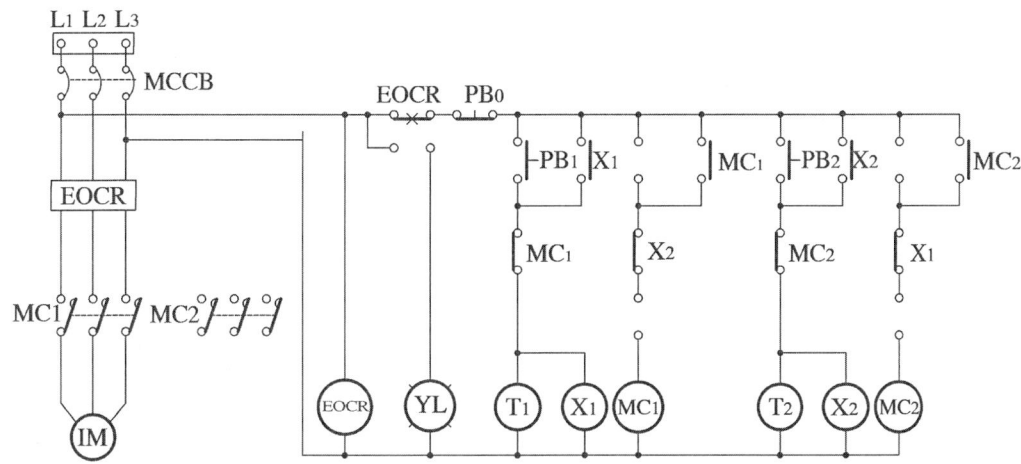

(1) 정·역 운전이 가능하도록 주어진 회로에서 주회로의 미완성 부분을 완성하시오.

(2) 정·역 운전이 가능하도록 주어진 회로에서 보조(제어)회로의 미완성 부분을 완성하시오. (단, 접점에는 접점 명칭을 반드시 기록하도록 하시오.)

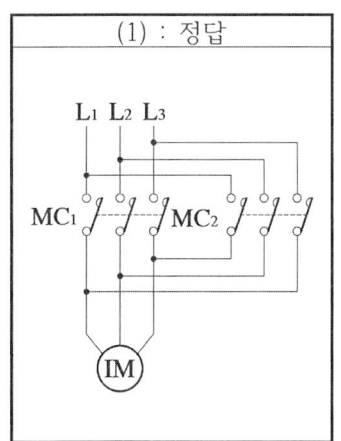
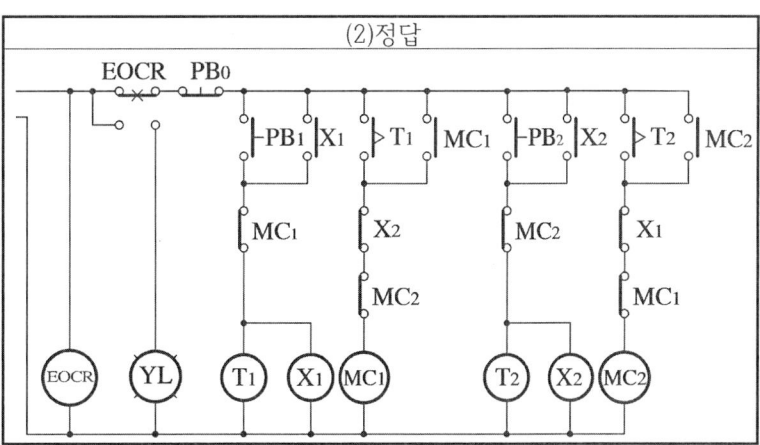

(3) 주회로 도면에서 과부하 및 결상을 보호할 수 있는 계전기의 명칭을 쓰시오.
   ○ 정답 : 전자식 과전류계전기

문제 18. 다음 그림은 리액터 기동 정지 조작회로의 미완성 도면이다. 이 도면에 대하여 다음 물음에 답하시오. 기사 98, 07-2, 13-1, 19-3(12~13점)

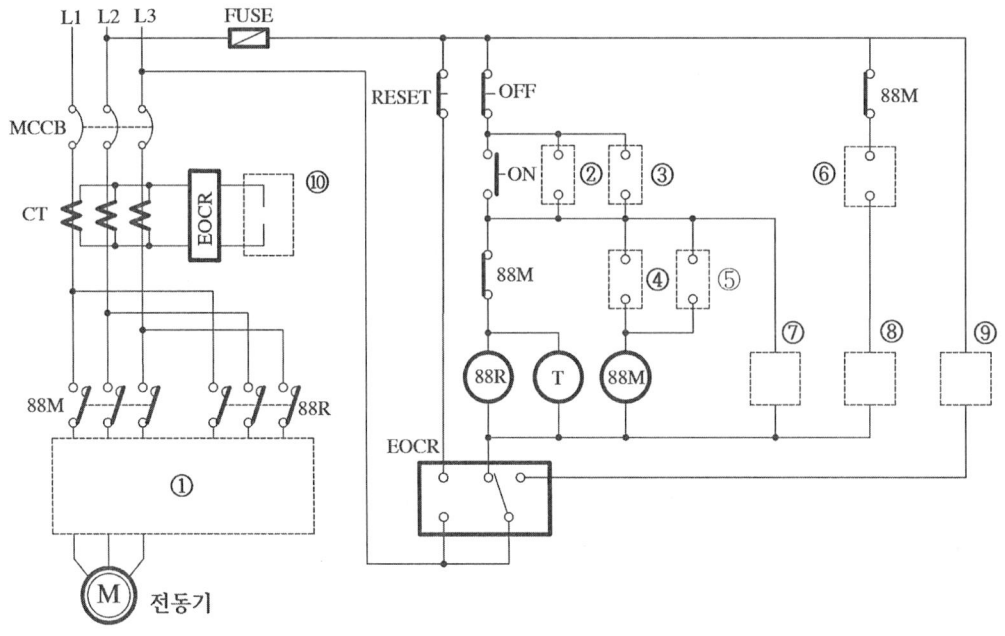

(1) ① 부분의 미완성 주 회로를 회로도에 직접 그리시오.

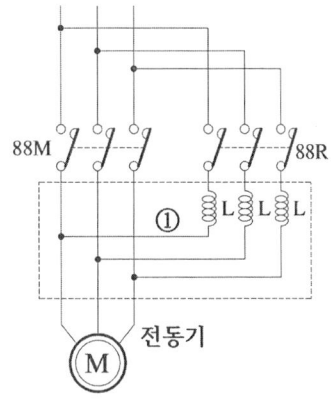

(2) 제어회로에서 ②, ③, ④, ⑤, ⑥ 부분의 접점을 완성하고 그 기호를 쓰시오.

구분	②	③	④	⑤	⑥
그림					
기호					

구분	②	③	④	⑤	⑥
그림	｜88R	｜88M	▷T-a	｜88M	｜88R
기호					

(3) ⑦, ⑧, ⑨, ⑩ 부분에 들어갈 LAMP와 계기의 그림을 그리시오.
[예] Ⓖ 정지, Ⓡ 기동 및 운전, Ⓨ 과부하로 인한 정지

구분	⑦	⑧	⑨	⑩
그림				
기호				

구분	⑦	⑧	⑨	⑩
그림	Ⓡ	Ⓖ	Ⓨ	Ⓐ
기호				

(4) 직입기동 시 시동전류가 정격전류의 6배가 되는 전동기를 65[%] 탭에서 리액터 시동한 경우 시동전류는 약 몇 배 정도가 되는지 계산하시오.

시동전류는 공급전압에 비례하고, 시동전류가 정격전류의 6배이므로

시동전류 $I_s = 6I_n \times 0.65 = 3.9 I_n [A]$ ○정답 : 3.9배

(5) 직입기동 시 시동토크가 정격토크의 2배였다고 하면 전동기를 65[%] 탭에서 리액터 시동한 경우 시동토크는 어떻게 되는지 설명하시오.

○계산과정 : 전동기 시동토크는 공급전압의 제곱에 비례하므로

시동토크 $T_s = 2T \times 0.65^2 = 0.85 T$ ○정답 : 0.85배

문제 19. 도면과 같은 시퀀스도는 기동 보상기에 의한 전동기의 기동제어 회로의 미완성 도면이다. 이 도면을 보고 다음 각 물음에 답하시오. 기사 03-2, 14-1, 14-3(7~8점)

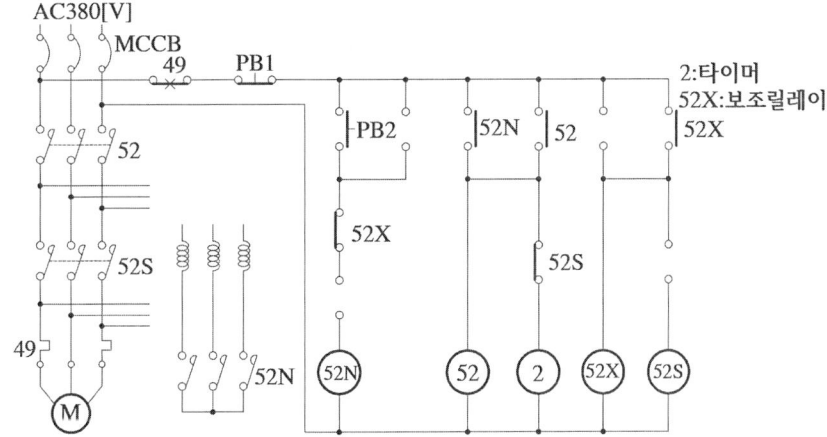

(1) 전동기의 기동보상기 기동제어는 어떤 기동 방법인지 그 방법을 상세히 설명하시오.

○감전압 기동법 : 전동기 기동 시 단권변압기(기동보상기)에 의해 강압한 전압을 전동기에 인가하여 기동 전류를 제한하고, 전동기 기동 완료 후 전원전압을 직접 전동기에 인가하는 방법

(2) 주 회로에 대한 미완성 부분을 완성하시오.

(3) 보조 회로의 미완성 접점을 그리고 그 접점 명칭을 표기하시오.

(2), (3) 주회로 및 보조회로 완성

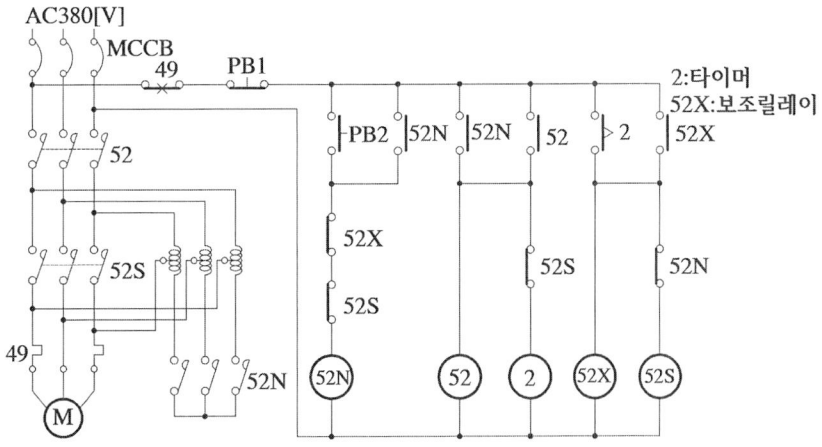

[해설] 계전기 용도 : 52N(중성점 단락용 계전기), 52S(보상기 단락용 계전기), 52(운전용 계전기)
- 동작 설명
  - 기동용 누름버튼 스위치 PB$_2$를 누르면 중성점 단락용 계전기 52N이 여자, 자기유지 되며 주회로 상의 52N 접점이 폐로 되고 동시에 운전용 계전기 52가 여자, 자기유지 되면서 주회로 상의 52 접점이 폐로되므로 전동기에는 전원전압을 감압한 단권변압기(기동 보상기)의 2차 선간전압이 인가되어 전동기는 기동 한다. 또한 그와 동시에 2번 타이머는 여자 되어 통전을 시작한다.
  - 2번 타이머에서 설정된 일정 시간 후 보조릴레이 52X가 여자, 자기유지 되며 동시에 중성점 단락용 계전기 52N이 무 여자 상태로 복귀하면서 주회로 상의 52N이 개방되므로 단권변압기 권선의 일부는 리액터로 작용하여 전류를 제한한다.
  - 중성점 단락용 계전기 52N이 무 여자 상태로 복귀하면 보상기 단락용 계전기 52S가 여자 되어 주회로 상의 52S 접점이 폐로 되면서 리액터 부분을 단락하므로 전동기에는 전 전압이 인가되어 운전을 한다.

문제 20. 도면은 전동기 A, B, C 3대를 기동시키는 제어회로이다. 이 회로를 보고 다음 각 물음에 답하시오 (단, MA : 전동기 A의 기동정지 개폐기, MB : 전동기 B의 기동정지 개폐기, MC : 전동기 C의 기동정지 개폐기이고 T$_1$ 타이머의 설정 시간은 30초, T$_2$ 타이머의 설정 시간은 20초이다.)
기사 98, 00-4, 02-2, 03-1, 08-3 (6~8점)

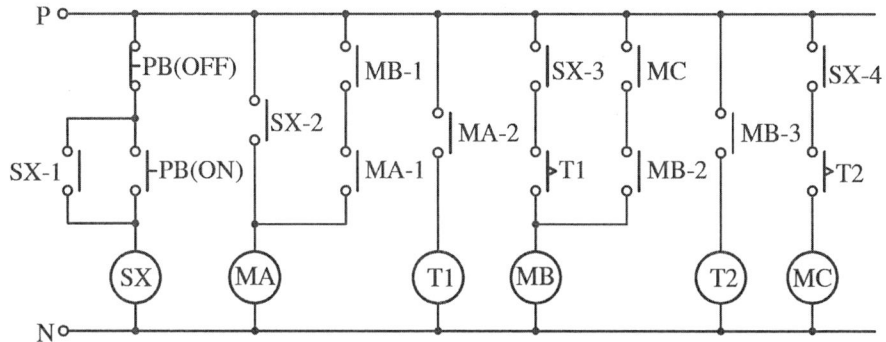

(1) 전동기를 기동시키기 위하여 PB(ON)을 누르면 전동기는 어떻게 기동 되는지 그 기동 과정을 상세히 설명하시오.
  - 정답 : PB-ON을 누르면 SX가 여자 되어 자기유지되고 SX-2 접점에 의해 MA가 여자 되어 전동기 A가 운전을 시작한다. 전동기 A가 운전을 시작함과 동시에 한시타이머 T$_1$이 여자 되어 설정 시간인 30초 후에 T$_1$의 한시 a접점에 의해 MB가 여자 되어 전동기 B가 운전을 시작하며 그와 동시에 한시타이머 T$_2$가 여자 되어 20초(T$_2$ 설정 시간) 후 MC가 여자 되어 전동기 C가 운전을 시작한다.

(2) SX-1의 역할에 대한 접점 명칭은 무엇인가?
  - 정답 : 자기유지 접점

(3) 전동기를 정지시키고자 PB(OFF)를 눌렀을 때, 전동기가 정지되는 순서는?
  - 정답 : C → B → A

문제 21. 그림은 중형 환기팬의 수동 운전 및 고장 표시등 회로의 일부이다. 이 회로를 이용하여 다음 각 물음에 답하시오. 산기 04-2, 10-1, 19-2, 23-1(12점)

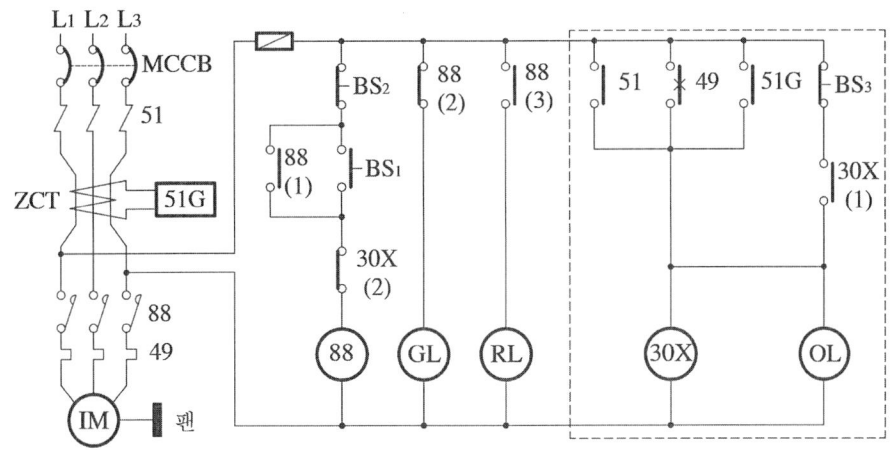

(1) 88은 MC로서 도면에서는 출력기구이다. 도면에 표시된 기구(버튼) 및 램프에 대하여 다음과 해당되는 명칭을 그 약호로 쓰시오. 단, 기구(버튼) 및 램프에 대한 약호의 중복은 없고, MCCB, ZCT, IM, 팬은 제외하며, 해당되는 기구가 여러 가지일 경우에는 모두 쓰도록 한다.

① 고장표시 기구 : ② 고장 회복 확인 기구 :
③ 기동 기구 : ④ 정지 기구 :
⑤ 운전 표시 램프 : ⑥ 정지 표시 램프 :
⑦ 고장표시 램프 : ⑧ 고장검출 기구 :

①	②	③	④	⑤	⑥	⑦	⑧
30X	BS$_3$	BS$_1$	BS$_2$	RL	GL	OL	51, 49, 51G

(2) 그림의 점선으로 표시된 회로를 AND, OR, NOT 회로를 사용하여 로직회로를 그리시오. (단, 로직소자는 3입력 이하로 한다.)

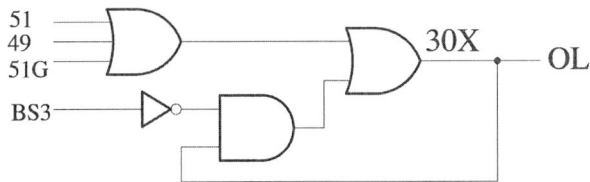

[해설] OL램프가 점등인 상태에서 기동용 푸시버튼 스위치 BS$_1$을 누르면 88 계전기가 여자 되어 자기 유지되고 전동기가 운전을 시작하면서 환기팬이 가동을 하고 GL램프는 소등, RL 램프는 점등된다. 환기팬 가동 중 과전류(51)가 발생하거나 과부하(49) 발생 또는 지락 사고(51G) 발생 시 계전기 30X가 여자 되면서 88 계전기가 복귀 소자 되고 GL 램프는 점등, RL 램프와 OL 램프는 소등된다. 고장 복구 후 BS$_3$를 누르면 계전기 30X가 복귀 소자 되면서 OL 램프는 점등된다.

문제 22. 다음 요구사항을 만족하는 주회로 및 제어회로의 미완성 결선도를 직접 그려 완성하시오.
(단, 접점기호와 명칭 등을 정확히 나타내시오.) 기사 16-3, 20-3(5점)

[요구 사항]
· 전원스위치 MCCB를 투입하면 주회로 및 제어회로에 전원이 공급된다.
· 누름버튼스위치 (PB1)를 누르면 MC1이 여자되고 MC1의 보조접점에 의하여 RL이 점등되며 전동기는 정회전 한다.
· 누름버튼스위치 (PB1)을 누른 후 손을 떼어도 MC1이 여자 되고 MC1은 자기 유지되어 전동기는 계속 정회전 한다.
· 전동기 운전 중 누름버튼스위치 (PB2)를 누르면 연동에 의하여 MC1이 소자 되어 전동기가 정지되고 RL은 소등된다. 이때 MC2는 자기 유지되어 전동기는 역회전(역상제동)하고 타이머가 여자 되며, GL이 점등된다.
· 타이머 설정시간 후 역회전 중인 전동기는 정지하고 GL도 소등된다. 또한, MC1과 MC2의 보조접점에 의하여 상호 인터록이 되어 동시에 동작하지 않는다.
· 전동기 운전 중 과전류가 감지되어 EOCR이 동작되면 모든 제어회로의 전원이 차단되고 OL만 점등된다.
· EOCR을 리셋(RESET)하면 초기 상태로 복귀된다.

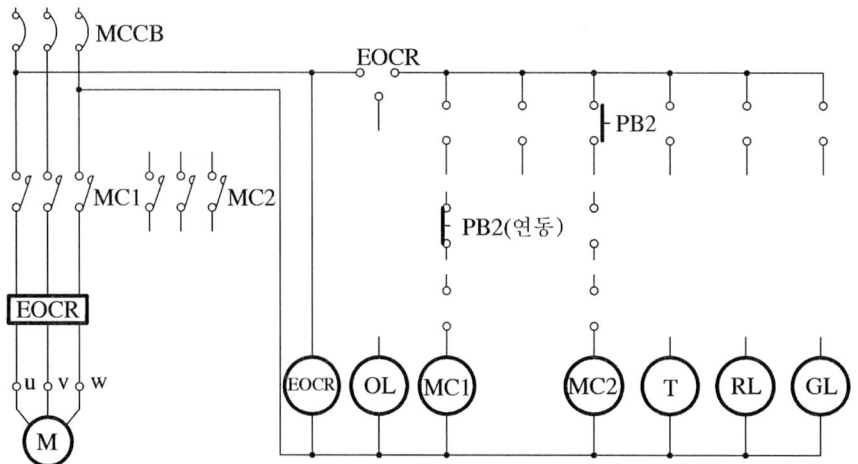

○ 정답

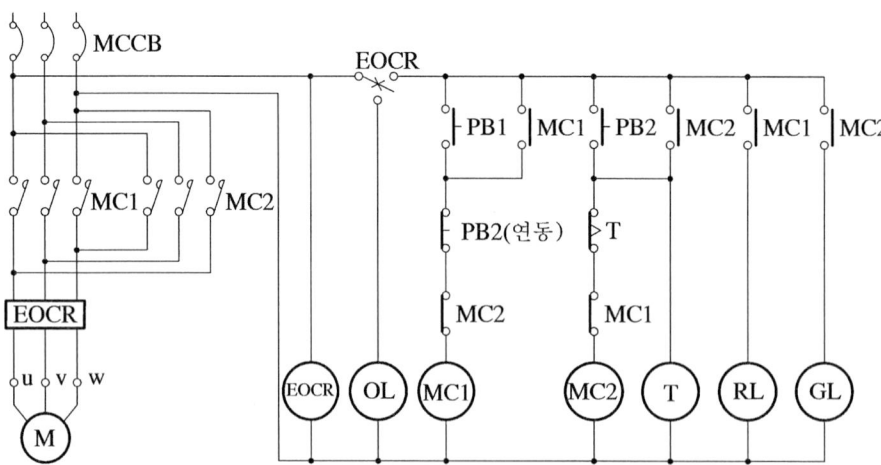

문제 23. 도면은 3상 유도전동기의 Y-△기동 회로이다. 도면을 보고 다음 각 물음에 답하시오.
산기 97, 16-1(10점)

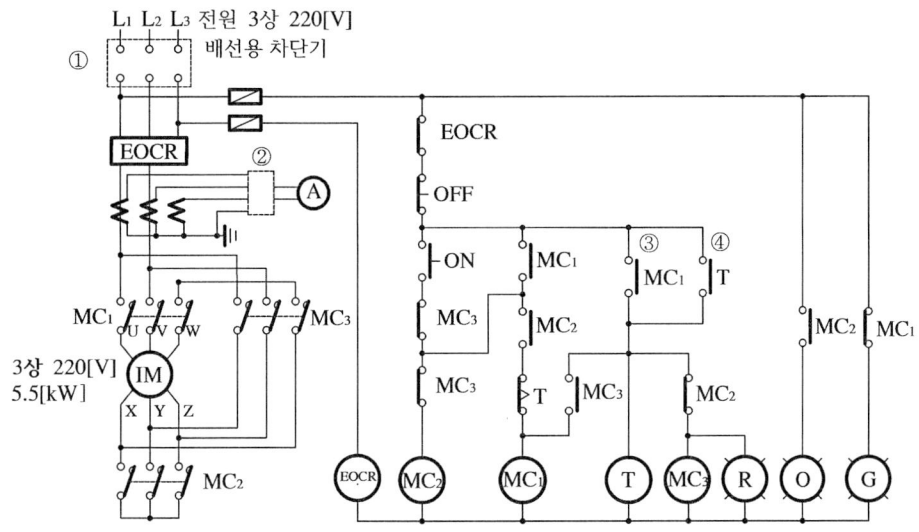

(1) 회로에서 ①의 배선용차단기 그림기호를 약호를 포함 3상 복선도용으로 나타내시오.
  ○정답 : ⌇⌇⌇ MCCB

(2) 회로에 ②에 들어갈 장치의 명칭과 단선도용 그림기호를 그리시오.
  ○정답 : 전류계용 전환 개폐기, ⊛

(3) 회로에서 사용된 EOCR의 명칭과 어느 경우 동작하는지를 설명하시오.
  ○정답 : EOCR의 명칭과 동작
  ○명칭 : 전자식 과전류계전기
  ○동작 설명 : 전동기 운전 시 과전류가 발생하면 자동 동작하여 전동기 운전을 정지시켜 전동기 보호.

(4) 회로에서 MC_2가 여자 될 때에는 MC_3는 여자 될 수 없으며, 또한 MC_3가 여자 될 때에는 MC_2는 여자 될 수 없다. 이러한 회로를 무슨 회로라 하는지 쓰시오.
  ○정답 : 인터록 회로

(5) 회로에서 표시등 Ⓡ Ⓞ Ⓖ의 용도를 각각 쓰시오.

문제		
표시등 Ⓡ	표시등 Ⓞ	표시등 Ⓖ

정답		
표시등 Ⓡ	표시등 Ⓞ	표시등 Ⓖ
△운전 표시등	Y기동 표시등	전동기 정지 표시등

(6) 회로에서 ③번 접점과 ④번 접점이 동작하여 이루는 회로를 자기유지회로라 한다. 다음의 유접점 자기유지회로를 무접점 자기유지회로로 바꾸어 그리시오.(단, OR, AND, NOT 게이트 각 1개씩만 사용한다.)

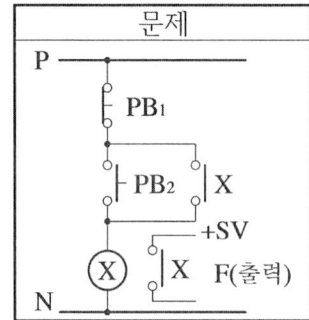
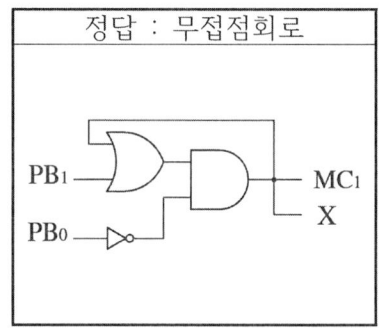

[해설] 기동용 ON을 누르면 MC₂가 여자 됨과 동시에 MC₁ 여자, 자기유지 됨과 동시에 타이머 T도 여자, 자기유지 되면서 전동기는 Y결선 상태로 운전을 시작한다. 이때 ⒼGP 등은 소등되고 ⒪등이 점등된다. 전동기가 Y결선으로 운전을 시작한 후 타이머에서 설정 된 일정 시간 후에 MC₁이 무 여자 상태로 변화함과 동시에 MC₂ 또한 무 여자 상태로 변화하고 MC₃가 여자 되어 자기유지 되면서 전동기는 △결선 운전을 실시하며 △결선 운전 시작과 동시에 MC₁은 다시 여자, 자기유지 된다. △결선 운전 전환 시 ⒪등은 소등되고 ⒭등이 점등된다.

문제 24. 그림은 직류식 전자식 차단기의 제어회로를 예시하고 있다. 문제의 시퀀스도를 잘 숙지하고 각 물음의 (   ) 안의 알맞은 말을 쓰시오. 산기 94, 01-1, 11-3(16점)

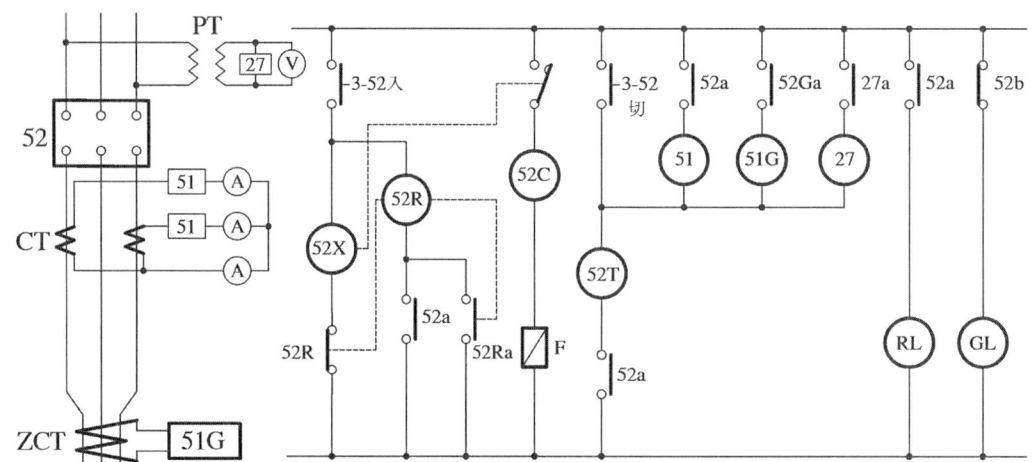

(1) 그림의 도면에서 알 수 있듯이 3-52 스위치를 ON 시키면 (①)이(가) 동작하여 52X의 접점이 CLOSE 되고 (②)의 투입 코일에 전류가 통전 되어 52의 차단기를 투입 시키게 된다. 차단기 투입과 동시에 52a의 접점이 동작하여 52R이 통전(ON) 되고 (③)의 코일을 개방시키게 된다.
  ○정답 : ① 52X   ② 52C   ③ 52X

(2) 회로도에서 27 의 기기 명칭을 (④), 51의 기기 명칭은 (⑤), 51G 의 기기 명칭을 (⑥)라고 한다.
  ○정답 : ④ 부족전압계전기 ⑤ 과전류계전기   ⑥ 지락 과전류계전기

(3) 차단기의 개방 조작 및 트립 조작은 (⑦) 의 코일이 통전 됨으로써 가능하다.
  ○정답 : ⑦ 52T

(4) 지금 차단기가 개방되었다면 개방 상태 표시를 나타내는 표시 램프는 (⑧)이다.
  ○정답 : ⑧ GL

3. PLC 회로

문제 25. 다음 명령어를 참고하여 PLC 래더 다이어그램을 작성하시오. 기사 18-2(4점)
- S : 입력 a 접점
- SN : 입력 b 접점
- A : AND a 접점
- AN : AND b 접점
- O : OR a 접점
- ON : OR b 접점
- W : 출력

(1) PLC 래더 다이어그램을 그리시오.

문제		
STEP	명령어	번지
0	S	P000
1	AN	M000
2	ON	M001
3	W	P011

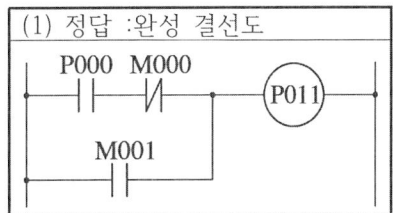

(2) 출력 논리식을 쓰시오.

○정답 : 출력 $P011 = P000 \cdot \overline{M000} + \overline{M001}$

문제 26. 주어진 PLC 프로그램을 보고 래더도를 각각 작성하시오.(단, 시작입력 LOAD, 출력 OUT, 직렬 AND, 병렬 OR, 부정 NOT 그룹간 직렬접속 AND LOAD, 그룹간 병렬접속 OR LOAD이다. 회로 작성시 선의 접속 및 미접속에 대한 예시를 참고하여 작성하시오. 산기 10-3, 11-2, 22-1(6점)

선의 접속과 미접속에 대한 예시	
접속	미접속

(1) 래더도

STEP	명 령	번 지
0	LOAD	P001
1	OR	M001
2	LOAD NOT	P002
3	OR	M000
4	AND LOAD	-
5	OUT	P017

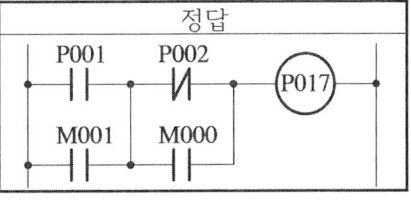

(2) 래더도

STEP	명 령	번 지
0	LOAD	P001
1	AND	M001
2	LOAD NOT	P002
3	AND	M000
4	OR LOAD	-
5	OUT	P017

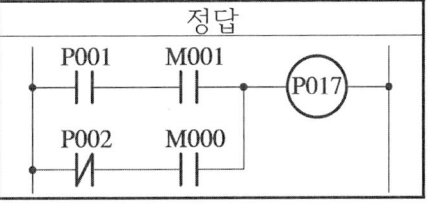

문제 27. 다음은 PLC 래더 다이어그램이다. OR(2입력, 1출력), AND(2입력, 1출력), NOT 게이트만을 이용하여 PLC 래더 다이어그램을 논리회로도로 그리시오. 기사 21-3 (4점)

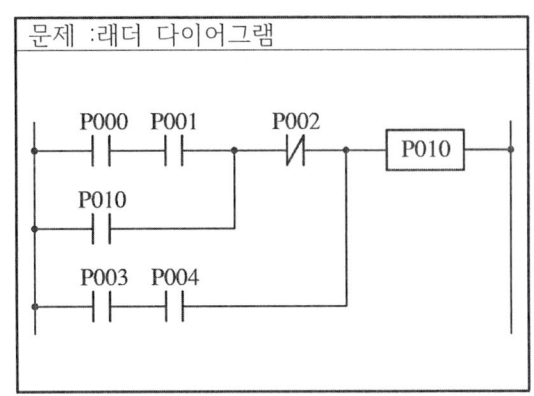

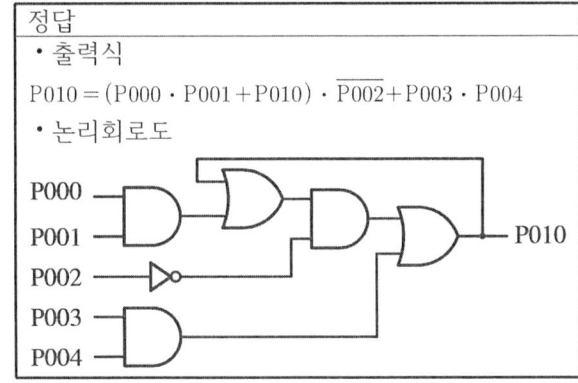

· 출력식
$P010 = (P000 \cdot P001 + P010) \cdot \overline{P002} + P003 \cdot P004$
· 논리회로도

문제 28. PLC 프로그램을 보고 다음 물음에 답하시오. 기사 19-3(6점)
(단, ① LOAD : 입력 A 접점(신호)   ② LOAD NOT : 입력 B 접점(신호)
      ③ AND : AND A 접점   ④ AND NOT : AND B 접점
      ⑤ OR : OR A 접점   ⑥ OR NOT : OR B 접점
      ⑦ OB : 병렬접속점   ⑧ OUT : 출력)

STEP	명령	번지
0	LOAD	P000
1	OR	P010
2	AND NOT	P001
3	AND NOT	P002
4	OUT	P010

(1) 미완성 PLC 래더 다이어그램을 완성하시오.

(2) 무접점 논리회로로 바꾸어 그리시오.

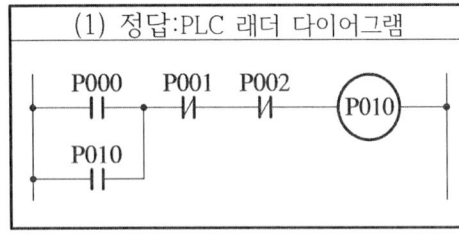

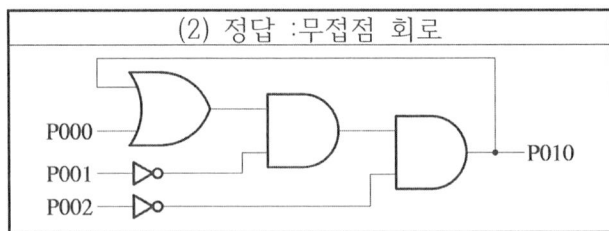

문제 29. 다음 그림을 보고 물음에 답하시오. 산기 23-2(5점)

선의 접속과 미접속에 대한 예시	
접속	미접속

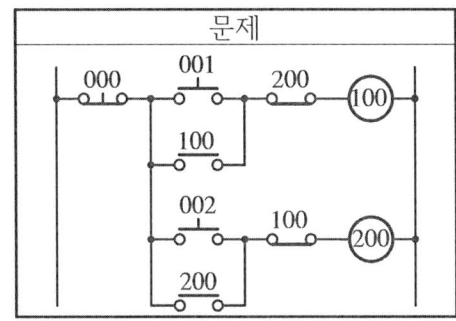

[명령어]

① STR : 입력 a 접점(신호) ② STRN : 입력 b접점(신호)
③ AND : AND a 접점   ④ ANDN : AND b 접점
⑤ OR : OR a 접점   ⑥ ORN : OR b 접점
⑦ OB : 병렬접속점   ⑧ OUT : 출력
⑨ END : 끝   ⑩ W : 각 번지 끝)

(1) 무접점 회로를 그리시오.

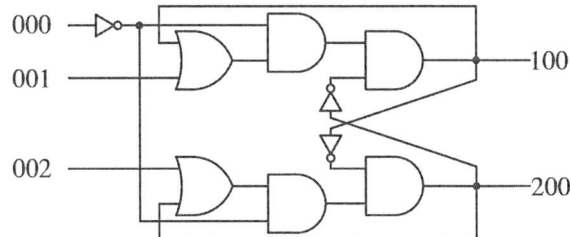

해설 : 출력식

$100 = \overline{000} \cdot (001 + 100) \cdot \overline{200}$

$200 = \overline{000} \cdot (002 + 200) \cdot \overline{100}$

(2) 다음 래더도를 완성하시오.

(2) 문제			(2) 정답		
STEP	명령어	번지	STEP	명령어	번지
01	STRN	000	01	STRN	000
02	AND	001	02	AND	001
03	ANDN		03	ANDN	200
04	STRN		04	STRN	000
05	AND		05	AND	100
06	ANDN		06	ANDN	200
07	OB		07	OB	
08	OUT		08	OUT	100
09	STRN		09	STRN	000
10	AND		10	AND	002
11	ANDN		11	ANDN	100
12	STRN		12	STRN	000
13	AND		13	AND	200
14	ANDN		14	ANDN	100
15	OB		15	OB	
16	OUT	200	16	OUT	200
17	END		17	END	

전기기사·산업기사 실기 특강(2026)
통합기출문제풀이

1판1쇄 인쇄 2026년 01월 10일
1판1쇄 발행 2026년 01월 20일

지은이 | 전기검정연구회
펴낸이 | 이주연
펴낸곳 | **명인북스**
등 록 | 제 409-2021—000031호

주 소 | 인천시 서구 완정로65번안길 10, 114동 605호
전 화 | 032-565-7338
팩 스 | 032-565-7348
E-mail | phy4029@naver.com
정 가 | 25,000원

ISBN 979-11-94269-30-4 (13560)

이 책에서 내용의 일부 또는 도해를 다음과 같은 행위자들이 사전 승인없이 인용할 경우에는
저작권법 제93조「손해배상청구권」에 적용 받습니다.
  ① 단순히 공부할 목적으로 부분 또는 전체를 복제하여 사용하는 학생 또는 복사업자
  ② 공공기관 및 사설교육기관(학원, 인정직업학교), 단체 등에서 영리를 목적으로 복제·배포하는 대표, 또는 당해 교육자
  ③ 디스크 복사 및 기타 정보 재생 시스템을 이용하여 사용하는 자

※ 파본은 구입하신 서점에서 교환해 드립니다.